成长加油站

办法总比问题多

李 奎 方士华 编著

民主与建设出版社
·北京·

图书在版编目（ＣＩＰ）数据

办法总比问题多 / 李奎，方士华编著 . －－ 北京：
民主与建设出版社，2019.11

（成长加油站）

ISBN 978-7-5139-2424-5

Ⅰ . ①办… Ⅱ . ①李… ②方… Ⅲ . ①成功心理－青
少年读物 Ⅳ . ① B848.4-49

中国版本图书馆 CIP 数据核字 (2019) 第 269577 号

办法总比问题多

BAN FA ZONG BI WEN TI DUO

出 版 人	李声笑
编　著	李　奎　方士华
责任编辑	刘树民
封面设计	大华文苑
出版发行	民主与建设出版社有限责任公司
电　话	（010）59417747　59419778
社　址	北京市海淀区西三环中路 10 号望海楼 E 座 7 层
邮　编	100142
印　刷	三河市德利印刷有限公司
版　次	2020 年 6 月第 1 版
印　次	2020 年 6 月第 1 次印刷
开　本	880 毫米 × 1230 毫米　　1/32
印　张	30
字　数	650 千字
书　号	ISBN 978-7-5139-2424-5
定　价	238.00 元（全 10 册）

注：如有印、装质量问题，请与出版社联系。

　　青少年是祖国的未来，是中华民族的希望。中国的未来属于青少年，中华民族的未来也属于青少年。青少年的理想信念、精神状态、综合素质，是一个国家发展活力的重要体现，也是一个国家核心竞争力的重要因素。

　　随着年龄的增长，青少年开始认识世界，学习各科知识，在这个过程中，他们逐渐熟悉了社会，了解了民风民俗，懂得了道德法律，具备了起码的生存技巧、劳动技能，掌握了一定的科学知识、探索方法，对大自然、对人生也有了一定的看法。

　　这一时期，他们渴望独立的愿望日益变得强烈，与家庭的联系逐渐疏远，对父母的权威产生怀疑，甚至发生反抗行为。他们要摆脱家长和其他成人的监护，摆脱由这些成年人规定的各种形式的束缚。

　　他们对自己充满自信，看不起身边的许多事情，但随着接触社会的增多，他们会逐渐了解到个人只不过是这个大自然中的一部分，个人与他人、社会、自然之间存在着十分复杂的关系，在很多事情面前，个人的能力和作用都是有限的，是要受到制约的。

　　由于一开始过高地估计了自己的能力，致使他们的很多愿望难以实现，由此他们又产生了自危、自惭、自卑、自惑等不良心态，在这种情绪的影响下，有的青少年甚至走上自毁的道路。研究表明，青春期的青少年是最容易激发起斗志的，他们更容易从别人的成功中吸取适合自己的营养，指导他们的行动。

为了正确地引导青少年的成长，使他们培养正确的人生观和世界观，并合理地控制自己的情绪，我们特地编辑了本套"成长加油站"丛书，包括《爸妈不是我的佣人》《办法总比问题多》《再见坏习惯》《做最好的自己》《懒惰，请走开》《做个内心强大的孩子》《这样做人人都欢迎我》《学习是一件快乐的事》《为自己读书》《自己永远是最棒的》共十册书。

本套丛书从兴趣爱好、积极人生、情绪、心智等多个方面入手，分别讲述了如何培养孩子的美德、怎样提高孩子的情商、智商，怎样养成孩子的独立生活能力等诸多问题，旨在引导青少年对成功的渴望，使其发现自身的兴趣所在，快乐、健康地成长，为他们的成长加油！

目录

第一章 解决问题应有计划

  不管干什么事，事先都要有计划。只有预先做好了安排，有了准备，才能把事情办好。明确了计划，可以增强自觉性，减少盲目性，从而顺利地达到预定目标。

  不管计划设计得如何好，如果没有行动，一切都是空想。行动是对计划的具体落实，也是实现梦想的唯一方法。我们要明确行动的重要性，积极进取，直至成功。

机会青睐有准备的人

　　亲爱的青少年朋友，你们知道吗？愚者错失机会，智者善于抓住机会，成功者创造机会，机会只留给准备好的人。世界上最可悲的一句话是："曾经有一个非常好的机会，可惜我没有把握住。"

　　遗憾的是，这种事情在我们许多青少年身上都发生过。其实，机会对我们所有人都是平等的，它有可能降临在我们每一个人的身上，但前提是：在它到来之前，我们一定要做好充分的准备！

　　我国有句古话："台上一分钟，台下十年功。"有些人常羡慕别人的机遇好，羡慕命运对别人的青睐，羡慕别人的成功，却从来没看到荣誉和鲜花背后，别人所付出的千辛万苦。

　　有的青少年在和成绩好的同学聊天时，经常感叹："我觉得你运气真的很好。"其实那不是运气，没有准备，怎么可能取得好成绩？其实，我们可以想想自己所取得的每一次成功，是不是都是有很多相应的准备做铺垫的呢？

　　有个词语叫作"厚积薄发"，只有在"万事俱备"的情况下，"东风"方能显得珍贵和富有价值。

　　准备，就是抱负，就是坚定的理想和执着的追求。准备，就是知识的积淀，力量的聚合和条件的创造。准备，就是机遇的捕捉，命运的把握和成功的约定。

　　准备好比是"十月怀胎"，成功只是"一朝分娩"。做好准备是实现成功的必要不充分的条件。

　　成功不是天上掉的馅饼，成功不是免费的午餐，成功永远不会不期而至。成功是付出的回报，成功是努力的成果，成功是心血和汗水的结晶，成功是长期精心准备的结果。

　　　　纽约的一家公司被一家法国的公司兼并了。公司新总裁一上任，就宣布了一个决定：公司所有员工都要进行法语测试，只有测试合格者才能留用。

　　　　决定一经宣布，几乎所有的人都慌了神，纷纷涌向图书馆。他们这时才意识到，不学习法语不行了。可是，有一位员工却若无其事，仍然像平常一样，下班以后就直接回家休息了。

　　　　同事们都认为，这名员工已经准备放弃这份工作了。但令所有人意想不到的是，考试结果一公布，这个在大家眼中肯定是没有希望的人，却得了最高分。

尽管这名员工来公司的时间不长，但他还是被公司破格在第一批留用了。原来，这名员工在大学刚毕业来到这家公司后，看到公司的法国客户很多，但自己又不会法语，每次与客户有往来邮件或合同文本，都要公司的翻译帮忙，有时翻译不在或顾不上时，自己的工作只能被迫停止。

因此，这名员工想，法语在这家公司很有用，是工作的一个基本条件，迟早要把法语作为考核和使用员工的一个重要条件。

于是，这名员工早早就开始了自学法语。这次最高成绩的取得、考试的成功，就是他提前学习的回报，是他早有准备的结果。

机会总是留给有准备的人，这是一个必然规律，这一必然规律体现了"必然"与"偶然"的内在联系，机会是"偶然"，有准备是"必然"，有准备才有机会，没有准备就没有机会，既有准备又遇到了机会，成功也就成了"必然"。

很多青少年都幻想用机会改变命运，于是做着与机会偶然相遇的白日梦，幻想它像魔法棒一样改变自己的世界。其实，这是很不靠谱的一件事。

因为，如果机会真的有一天与我们相遇，并帮自己实现了愿望，那前提条件肯定是我们要有充分的准备。因为机会只会光顾有准备的人啊！

有人总抱着一种扭曲的想法，当因为自身原因，使事情变得一团糟后，大言不惭地对自己说："等着吧，等到我时来运转，机会来到时，我一定会咸鱼翻身，让所有人对我刮目相看。"

亲爱的朋友，不要迷信机会，不要把它神化，它不是万能的，它也不是许愿池，更不是阿拉丁的神灯。与其寄希望于机会，不如抱希望于自己。

朋友们，我们要知道，真正能改变世界、扭转乾坤的人是自己，而不是机会。如果自身不努力，一百个机会列队在家门口都帮不了我们。所以，不要迷信机会，机会只是一个契机、一个平台，真正的主角是我们自己。

现实生活中有些青少年朋友总是坐着等机会，躺着喊机会，睡着梦机会，成为守株待兔的人。殊不知如果这样，机会就会像满天星斗，可望而不可即，即使机会真的来到身边，他们也发现不了，更不用说去捕捉和利用了。

青少年朋友，不论你准备将来从事什么行业、什么职业，都应尽量把工作做到最好，并不时地给自己充电。这样，就算你不去找机会，它都会主动找上门来的。

在"恰同学少年"青年论坛上，主持人田红年问闾丘露薇女士："美伊战争伊始，凤凰卫视那么多记者，为什么却偏偏让你去呢？"

闾丘露薇的回答很简单："因为我早有准备。早在美军还未对伊拉克动武前，我就提前办好了

到伊拉克的签证。而当时卫视里所有的同事中，只有我有。办理签证又需要一两周的时间，所以我就得到了这次机会。"

其实，与其相信机会可以改变一切，不如相信自己无所不能。任何一个迷信机会的人都是弱者，只想着如何借靠别人的力量。其实，真正有力量的人就是我们自己啊！

我们都是有潜力的。我们要给自己设立一个目标，并告诉自己："我能行！"那我们就真的行。自己才是自己真正的救星，我们的神就是我们自己。

作家梁晓声曾经道出了有关机会的秘密，他说：有的人搭上机遇的快车，顺风而行；有的人错过它，终身遗憾；有的一生都未能抓住它，默默地埋藏自己的才华。天赐良机不可失，坐失良机更可悲，一个人要学会创造机遇，用自己的聪明才智勤奋努力，不断进取，踏踏实实地耕耘，才能获得成功。

当机会敲门的时候，要是犹豫该不该起身开门，它就去敲别人的门了。在人的一生中，机会不可能一次也不降临，我们的生活中到处存在着机会，只要你留心，就会发现机会，抓住机会。

放眼古今中外，许多成功人士的成功正是因为把握住了时机。

星移斗转，唐朝已沉淀在历史的长河里；物是人非，王勃仍徜徉在泛黄的纸页间。多少时间流走了，依然冲不淡他绚烂的背影，滕王阁之宴，宾客中不乏文人雅士，为何王勃能独占鳌头？是机遇，还是幸运？都是，却又都不是。

并不是王勃有先见之明，只是他对文章的造诣已领悟得很深，无论何时何地都可以出口成章了，这能不说他已准备好了吗？机遇总是青睐有准备的人。

有时，机遇和幸运会让一个人大有作为，可真正使他大有作为的并不是机遇和幸运本身，而是他本人已做好了充分的准备。

王勃的《滕王阁序》令古今多少文人称赞，这岂是单凭机缘巧合道得尽的？古往今来，哪位成功人士不是靠自己的努力为生命抹上幸运的色彩的呢？

意大利航海家哥伦布，从小就对航海有浓厚的兴趣，20多岁时已成为一个很有经验的水手了。一个偶然的机会，他读到了一本名叫《东方见闻录》的书，从此，他一直想到东方寻找财富，后来，他带着87名水手，乘着3艘帆船，开始远航了。

人们都觉得非常新奇，有些人怀疑："他们能到东方吗？哥伦布真是异想天开！"他们顶着狂风巨浪，历尽艰难险阻，在茫茫的大西洋海面上度过了70多个白天黑夜，终于在一块陆地上登陆了，从此开辟了一个新的时代。

因此，一个人如果缺乏敢于冒风险的勇气，就不会有成功的良机。在哥伦布之前，任何人都有发现新大陆的可能，然而他们之所以终究没有发现新大陆，就在于没有去实践。哥伦布这样做了，他成功了。

事实证明，机会不是那么容易被抓住的，并不是所有人见到苹果从树上掉下来就都能想到万有引力。那么，如何才能准确地把握时机，抓住机会呢？

一个优秀的足球运动员在球场上的激烈争夺中，能巧妙地将球射入球门，不仅仅靠他的勇猛和技术水平，还要靠选定的最佳角度，准确把握战机。

机会只留给准备好的人。青少年朋友，不要有怀才不遇、生不逢时的想法。只要你是锥子，哪怕是放在口袋里，天长日久，也会冒出尖来。哲人说："每个人都是自身的设计师。"这的确很有道理。我们没有必要狂妄地称"人定胜天"，但却一定要有勇气相信自己的命运由自己主宰，自己的生活要靠自己打拼！机会真是神奇，它给"疑无路"的人带来"柳暗花明"，让商人散尽千金"还复来"；机会却又一点儿都不神奇，因为它经常出现在我们的身边。智者能发现它、利用它走向成功，愚人往往错过它却抱怨命运的不公平。其原因就在于机会只偏爱有准备的头脑，有准备的头脑才能辨识和把握机会，有准备的头脑才有能力迎接机会。

青少年朋友，请做个有准备的人吧！机会只垂青有准备的人。请做个有准备的人吧！只有这样，我们才能抓住机会；只有这样，我们才会有机会实现我们的人生梦。让我们时刻准备着！

心态决定行动效率

心态的正确与否与我们个人的成就大小有着必然的联系，这就需要我们有一个积极、正面的健康心态。我们青少年需要的健康心态主要表现在以下两个方面：

在做人方面，我们要能够把别人的批评、责骂、建议等，看成是善意的关爱、帮助和造就，以感恩和学习的心态，虚心听取，思考、分析并不断反省，从中吸收有利于自己进步的营养，促进自己成长。

在做事方面，面对学习、生活中的问题、困难、挫折、挑战和责任，从正面去想，从积极的一面去想，从可能成功的一面去想，积极采取行动，努力去做。

健康的心态是一种主动的生活态度，对任何事都有足够的控制能力，它反映了我们的胸襟和魄力。积极的心态会感染人，给人以力量。

我们每个人在生活中必然会遇到挫折、失败等，而越是在这种时候越是要学会自勉，控制自己。

我们青少年要慢慢学会控制自己，不要走向极端，或是陷入乐极生悲、怒而妄行、哀而不争等种种心理失衡的状态。我们要学会调控自己的心态，对现实中自己所遇到的问题做出比较恰当的反应，这对于我们每一个青少年都是很有必要的。关于心态的重要性，这里有一个小故事：

在赫赫有名的德国哥廷根大学里，有一位名叫高斯的学生，他才19岁，却有着难得的数学天赋。

每天，他都要完成老师布置的三道数学作业题。这一天，他又专心地投入到了数学题的解答中。前面的两道题很顺利地就完成了，可是，第三道题，却让他思考了好久。

这道题的要求是：只用圆规和一把没有刻度的直尺，画出一个正17边形。

他用尽所学知识都没有得到一丝进展。直到最后，他用超出常规的方法才解答出这道数学题。

第二天一进教室，他就把作业交给了导师。导师看过第三题后，表现得十分惊奇，并难以置信地问道："这真的是你做出来的吗？"

高斯回答："是我做出来的，我用了一整夜的时间才找出答案的。"

导师激动地欢呼着，并大声喊道："你解开的不仅仅是一道数学题，而是一个有2000多年历史的数学悬案！"原来，这位导师用了很多年的时间去解这道题，最终都没有结果，而他那天只是阴差阳错地把这道题交给了高斯。

从此，高斯便被人们称为"数学王子"。多年以后，高斯回忆说："如果拿到这道题时就知道2000年来无人能解，我也许永远也没有信心解开它。"

从这个故事不难看出，高斯的天才固然很重要，但是，心态的影响也不容忽视。正像他自己所说的那样，如果当初知道这是一道2000年无人能解的难题，恐怕他真的不可能解开了！任何成功者都不是天生的，他们成功的根本原因是开发了人的无穷无尽的潜能。只要你抱着积极的心态去开发你的潜能，你就会有用不完的能量，你的能力就会越用越强。

心态决定了我们的视野、事业和成就。如果我们抱着消极的心态，不去开发自己的潜能，那我们只有叹息命运不公，并且越消极越无能。

亲爱的朋友，也许你的梦很遥远，但也不是没有实现的可能。给自己一点儿信心吧，是山，就应该有山的坚韧；是海，就应该有海的浩瀚。

我们不能延长生命的长度，但可以扩展它的宽度。我们不能控制风向，但可以改变方向。

我们不能改变天气，但可以左右自己的心情。

我们不可以控制环境，但可以调整自己的心态。

文学家高尔基曾说过："我的一生所主张的，就是对生活、对人们必须持积极的态度。"人的一生是一个非常短暂的过程，其间又充满了太多的风霜雨雪，作为青少年，要用积极乐观的心态来面对生活。

　　积极的心态是我们生活中的法宝，它可以帮助我们走向成功。如果一个人的心态是积极的、乐观的，那他就成功了一半。著名学者拿破仑·希尔曾说过："人与人之间只有很小的差异，但是这种很小的差异却最终造成了巨大的差异！而这很小的差异就是各人所具备的心态。心态是乐观的还是悲观的，就最终导致了成功和失败两种结果。"

　　积极乐观的态度能激发我们的潜能，让我们愉快地接受意想不到的任务，接纳意想不到的变化，宽容意想不到的冒犯，做到意想不到的事情，创造意想不到的奇迹。

　　亲爱的青少年朋友，我们丰富多彩的人生是需要由积极乐观的心态打造的。积极的心态收获积极的人生，如果我们认为自己是幸运儿，那么我们就会成为幸运儿；如果我们定义自己是个倒霉蛋，那么也会找出各种理由证明自己是个倒霉蛋。

　　生命是一个过程，生活是一种体验，而积极乐观的心态就是拥有

精彩人生的法宝。只要我们以积极的心态，把人生看作舞台，把自己当成导演兼演员，凭借自己的积极信念，尽情表演，体验过程，那么，我们就会拥有精彩的人生。

那么，如何才能培养积极的心态呢？可以尝试从以下几个方面做起：

一是言行举止像你希望成为的人。许多人总是等到自己有了成功的希望才去付诸行动，这些人在本末倒置。

积极的行动会带来积极的思维，而积极的思维会带来积极的人生心态。从开始就积极行动起来，去努力成为你想成为的人，心态自然也跟着积极起来。

二是要心怀必胜的、积极的想法。当你开始运用积极的心态并把自己看成成功者时，你就已经开始走向成功了。

谁想收获成功的人生，谁就要当个好农民。我们绝不能仅仅播下几粒积极乐观的种子，然后指望不劳而获，我们必须不断给这些种子浇水，给幼苗培土施肥。要是疏忽这些，消极心态的野草就会丛生，夺去土壤的养分，直至庄稼枯死。

三是用美好的感觉、信心与目标去影响别人。随着你的行动与心态日渐积极，你就会慢慢获得一种美满人生的感觉，信心日增，人生中的目标也越来越清晰。

紧接着，别人会被你吸引，因为人们总是喜欢跟积极乐观者在一起。你可以运用别人的这种积极响应来发展积极的关系，同时帮助别人获得这种积极态度。

四是使你遇到的每一个人都感到自己重要、被需要。每个人都有一种欲望，即感觉到自己的重要性，以及别人对自己的需要与感激。

这是人们自我意识的核心。

如果你能满足别人心中的这一欲望，他们就会对自己也对你抱积极的态度。一种良好的局面就将形成。正如19世纪美国哲学家兼诗人爱默生说的："人生最美丽的补偿之一，就是人们真诚地帮助别人之后，同时也帮助了自己。"

做到以上几点并不很难，关键在于我们是否想做并坚持下去。我们知道，成功者与失败者之间的最大差别就是：成功者始终用积极的思考、乐观的精神和辉煌的经验支配和控制自己的人生；失败者则刚好相反，他们的人生是受过去的种种失败与疑虑所引导支配的。说到底，如何看待人生、把握人生，由我们自己的态度决定。

心动了就要去行动

有个伟人曾这样说过：不要做思想的巨人、行动的矮子。意思就是说：人，要有伟大的思想，然后还要有脚踏实地的行动。不然的话，那思想也就成了幻想，幻想最终会成为美丽的泡沫，风一吹就散了。我们青少年有理想、有梦想、有远大的目标，固然是好事，但是，行动对于青少年来说，更是重中之重。所有理想与梦想，所有目标的实现，和行动是分不开的。没有行动一切都是空谈。

行动是一切的基础，重在行动，成在行动。纵观成功者的一生，他们每个人都是行动上的巨人。朋友们，让我们来看一个小故事吧：

举行结业仪式这天，琳琳回到家，和妈妈正吃午饭。突然，妈妈问她："书法什么时候再练？"

琳琳若无其事地回答："张老师会通知的啊！"

"都放寒假了，还没通知你们，你应该主动打电话问问张老师。"说着，妈妈拿出手机叫琳琳打。

琳琳很不情愿，轻声嘟哝着："张老师自己会打过来的，为什么偏要打电话给张老师呢？"

"等，等，等，就知道坐着等别人，你不可以主动去问问吗？"妈妈发火了。

琳琳坐着无语……

妈妈明白了琳琳的心思，放下手机，语重心长地对她说："既然你不知道什么时候练书法，放不下心，打一个电话不就行了吗？什么问题都解决了。你说张老师自己会打来的，与其等电话，不如自己主动行动。"

妈妈的一番话让琳琳如梦初醒，不就打个电话嘛，为什么琳琳就不情愿呢？这时，她耳边又响起妈妈的话："想到远山看风景，山不能靠近我们，只有我们向前。等着站着永远不会实现梦想。只有主动，再主动，才会前进，才能登到峰顶，欣赏美丽的风景。"

想到这儿，琳琳默默地拿起手机，给张老师打了电话。挂了电话之后，她心中顿时一片释然："对呀！

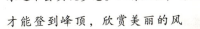

我们所有人都应该主动积极行动，就像我们上课发言，都要积极。看那些强者，他们最大的优点就是没有对命运听之任之，而是主动行动，成为命运的驾驭者。让我们主动吧！"

妈妈听了她的话，感到很高兴。

许多商场的广告中都会有这么一句话"心动，不如行动！"的确，许多事情光空想是不会实现的，最重要的是付诸行动。故事中的小女孩琳琳一开始完全处于消极等待的状态，在领悟了母亲的话后，最终发起了积极主动的行动，这是值得我们学习的表现。

假如拥有百宝箱的钥匙而不去开启，则永远得不到宝藏；假如拥有登高的梯子而不去爬，则永远到不了高处；假如拥有过河的小艇而不去划，则永远到不了对岸。

这又不能不使我们联想到北宋时的神童方仲永了，他本是一个极具天赋的孩子，可却没有去行动，没有去读书，最终只落得个"泯然众人矣"的下场。

当下，我们的身边又有多少个方仲永呢？他们只满足于现在，而不开始行动，因此只能停步不前，实在可悲。

这样看来，行动就成了衡量一个人优秀与否的标准。有行动，就说明这是一个明智的人，懂得什么才是人生；不行动，就说明这是一个愚昧的人，最终只能碌碌无为。由此可见，行动不仅仅决定了一个人的命运，也决定了一个人在社会中的地位，有行动才有将来，行动是最重要的。

作为21世纪的青少年，你是否选择了磨炼人意志的暴风雨？是选择做明亮的不锈钢，还是做角落里生锈的破铜烂铁？是选择做勇敢无畏的白杨，还是做顺风而倒的墙头草？是选择做刚强明亮的金刚石，还是做那乌黑软弱的石墨？没有行动，就不会有美好的未来；没有行动，就不会有多彩的人生。

行动是一切结果之源。人生的道路不会一帆风顺，人生的道路布满坎坷与荆棘。但是，只要你有目标，只要你有为目标奋斗的切实行动，那么，你一定会收获一个令人满意的结果。行动是成功的阶梯，没有行动自然不会有成功，而行动越多自然会登上更多的阶梯，登得更高。大家都知道"千里之行，始于足下"这句话，可是很多人迈出第一步时，却常常忘了提醒自己继续下去。

要知道一张地图，不论多么详尽，比例多么精确，它永远不可能带着它的主人在地面上移动半步。任何宝典，永远不可能从它的字里行间就能读出财富。只有行动才能使地图、宝典，即我们的梦想、计划、目标具有现实意义。

亲爱的朋友，请你一定记住：你过去是什么样的，并不表示未来也是什么样，如果你想改变目前的状态，就要拿出点儿行动来。

张明是一个初二的学生，有一段时间，他的物理成绩始终提高不上去。后来，他就思考为什么，找出原因之后，他给自己

定出了一个目标计划，每天做多少习题、每天预习多少功课、每天将不同类型的题目练习多少遍……

就这样，张明每天都给自己定计划，每天都按照计划行动，到了月底测试时，他的物理成绩和其他科目的成绩一样都考了90多分。

青少年朋友要明白：不要去羡慕别人的果，要去寻他身后的因。这样，才会对我们的成长有帮助。"今日事，今日毕。"永远不要把今天应该解决的事情留到明天，每天让自己行动，每天给自己一个交代，你何愁学习成绩不会提高，何愁好学校不能考上？

立刻行动吧！亲爱的朋友，从现在开始，要学会一遍又一遍，每时每刻重复这句话，直到成为习惯，好比呼吸一般，好比眨眼一样，成为一种条件反射。有了这句话，你就能调整自己的情绪，去迎接和挑战成功与失败。行动也许不会结出成功的果实，但是没有行动，所有的果实都无法收获。

珍惜你的宝贵时间

法国思想家伏尔泰曾出过这样一个意味深长的谜："世界上哪样东西最长又是最短的，最快又是最慢的，最能分割又是最广大的，最不受重视又是最值得惋惜的；没有它，什么事情都做不成；它使一切渺小的东西归于消灭，使一切伟大的东西生命不绝？"

这么神秘的东西，它是什么呢？正是时间！我们青少年，要明白青春是宝贵的，不要浪费自己的时间。俗话说："一寸光阴一寸金，寸金难买寸光阴。"可见时间是多么宝贵啊！

世界上时间是最公平的。时间对任何人都一视同仁，既不慷慨地多施舍给哪一个人一秒钟，也不吝啬地少给予哪一个人一分钟。我们每人每天拥有的都是24个小时。

然而在同样的时间里，有的人能学到丰富的知识，有所收获；有的人学到的东西却少得可怜，甚至到老还一事无成。这其中的重要原因就是人们对待时间的态度不同，有的珍惜，有的浪费。

青少年朋友们，让我们来看一个小故事吧：

杰克14岁那年，年幼疏忽，对于卡尔·华尔德先生那天告诉他的一个真理未加注意，后来回想起来真是至理名言。在意识到这一点之后，他就从中得到了不可限量的益处。

卡尔·华尔德是他的钢琴教师。有一天，华尔德给他上课的时候，忽然问杰克，每天要花多少时间练琴。杰克说大约三四个小时。

"你每次练习时间都很长吗？"

"我想这样才好。"杰克说。

"不，不要这样，"他说，"你将来长大以后，每天不会有长时间空闲的。你可以养成习惯，一有空闲就几分钟几分钟地练习。比如在你上学以前，或在午饭以后，或在休息余暇，5分钟、10分钟地去练习。把小段的练习时间分散在一天里面，如此，弹钢琴就成了你日常生活的一部分了。"

后来，当杰克在哥伦比亚大学教书的时候，他想兼职从事文学创作。可是上课、看卷子、开会等事情把他白天晚上的时间完全占满了。差不多两年，他一字未动，他的借口是没有时间。这时，他才想起了卡尔·华尔德先生告诉他的话。

到了下一个星期，他就把那些话实践起来了。只要有5分钟的空闲时间，他就坐下来写作100字或短短几行。

出乎他的意料，在那个星期快结束的时候，他竟积有相当厚的稿子了。

后来他用同样的方法积少成多，创作长篇小说。他的授课工作虽然十分繁重，但是每天仍有许多可以利用的短短余闲时间。他同时还练习钢琴。他发现每天小小的间歇时间，足够他从事创作与弹琴两项工作。

向时间要效益，合理利用时间就是与时间争夺宝贵的生命。"忙里偷闲"，会这样做的人，才是真正会生活的人，正如故事中的杰克。

时间是宝贵的资源。人的生命都是由一分一秒的时间组合起来的。生命对于每个人来说都很重要，珍惜时间就是珍惜生命，每个人都应好好地珍惜时间，从而创造自己的生命价值。

青少年朋友，我们的人生太短暂了，需要多想办法，用极少的时间做更多的事情。有人说，时间就像是海绵里的水，只要你愿意挤，总是有的。

事实就是如此，每个人的时间和精力都是有限的，但每天却有很多的事情等着青少年们去处理，那青少年们应该怎样正确管理自己的时间呢？以下的方法不妨借鉴一下：

利用好早晨的黄金时间。早晨是一天中最宝贵的时间，也难怪有"一年之计在于春，一日之计在于晨"之说，但有些青少年却没有很好地利用一天中最美好的早晨时间，不是留恋热被窝睡懒觉，就是时间使用不当或抓得不紧，造成早晨黄金时间的浪费。

在早晨起床之前，人的大脑处于休息阶段，由于没有先前的干扰，早晨起来背记效果最好，因此，青少年在早晨应抓紧时间读书，特别是背记英语。我们要充分利用好早晨的黄金时间，养成早睡早起的好习惯。

利用好课堂的时间。青少年获取知识的主要渠道在课堂，课堂40分钟十分重要，这是一个人人皆知的常识。课堂学习效率的高低是获取知识多少的关键所在，也是最终决定学习效果的首要因素。

但是，有些青少年在课堂上激情不高，反应不积极，与老师配合不密切。那么，如何才能提高课堂的学习效率，在有限的课堂教学时间内获得最大量的知识呢？

课堂上一分一秒都是极其宝贵的，要充分利用好课堂时间，必须

在课前充分做好上课的准备工作，包括准备好课本、笔记本、草稿纸、笔等，甚至要把书翻到确定的地方，上课铃声一响，就要安静地坐在座位上，等待老师的到来，同时要思考和回忆上一节课所学内容，切不可嬉戏打闹，老师到了还拿不出课本来。

合理运用中午的时间。中午是休息的时间，不少青少年没有认识到中午休息的必要性与重要性，把极其宝贵的午休时间浪费了。

中午不休息，一方面会使人下午精神不振，提不起学习的兴趣，久而久之会产生厌学的心理；另一方面还会使晚自习学习效率受到影响，不是打瞌睡，就是看不进去书，甚至影响到第二天上午的学习。

中午必须按时进行午休，哪怕睡半个小时或20分钟，都会使下午及晚间的学习效率有较大的提高。因此，青少年必须养成午休的良好习惯。

利用好晚自习的时间。有一些青少年朋友往往不知道如何上好晚自习，特别是初中的同学表现得特别明显。其实，晚自习对青少年来说是极其宝贵的，也是十分重要的，是一天学习中关键的一环，安排和利用好晚自习时间，是青少年必须掌握的学习方法。

晚自习课一般安排在晚上7时至10时，这段时间是人的大脑最活跃的时间之一，适合从事分析判断等活跃的思维活动。而且，此时白天所学的大量知识信息，又为大脑活跃的思维活动提供了丰富的资源。所以，晚自习的学习，适合对当天的功课进行整理复习，即完成当天作业，搞清楚所学知识是什么、思考为什么。

要确保晚自习的学习质量，青少年要解决三个方面的问题：准备、计划、执行计划。

这里的准备是指两个方面：精力和时间。首先，要保证上晚自习时仍然精力充沛，为此，建议青少年养成中午休息和下午进行半个小时的体育锻炼的好习惯。大多数青少年以前没有午休的习惯，可中午不休息，就不能确保晚自习有较充沛的学习精力。其次，要抓紧时间完成老师布置的作业。即要专心致志，杜绝三闲——闲思、闲事、闲话，不利于学习的事不想，不利于学习的事不做，不利于学习的话不说。

还要制订好计划。好的开始是成功的一半，制订好晚自习的计划就是上好晚自习的开始，计划为我们的学习提供了一个可靠的程序。晚自习的学习一要明确晚自习有哪些要做的事，二要根据要做的事安排顺序，三要落实时间分配。

要及时就寝。许多住校的青少年下晚自习进入宿舍，熄灯之后就寝秩序差，就寝准备工作做不好，不会抓紧时间休息，甚至到12点还在走廊上大声喧哗影响其他同学休息，从而导致同学们的睡眠时间不足。

青少年要学会过集体生活，同宿舍的舍友要互相尊重、互相谦让；要养成开着灯也能入睡的习惯，这样才能保证有充足的睡眠时间，才能充分合理利用好每一天的时间。

要学会理清事情的主次。青少年若想在有限的时间和精力内达到最好的学习效率，首先应根据事情的重要和紧迫程度，做出一个合理的安排。可以每天把重要的事情列举出来，然后有序地去完成后，再去做那些琐碎的、不紧迫的事情。

要了解自己的生物钟。我们每个人都有自己的生物钟，所以每个人在相同的时间内做事的效率都是不同的。例如，有的人的最佳状态在早上，那他就可以把自己重要的学习任务安排在早上。而有的人的最佳状态在中午，就可以把重要的事情安排到中午去完成。时间安排要因人而异，不能随波逐流。

要尽全力去完成最重要的学习任务。在做事时要全身心地投入，不可东张西望，边做边玩，这样会严重影响学习效率，且浪费许多宝贵时间。在任何时候，只要你专心去学习，很多问题都会迎刃而解，否则你只会一事无成。

要学会拒绝。当你把精力投入某一件事情上时，如果没有特殊的情况发生，青少年应该学会拒绝眼前的其他事件。如你正在做作业，而同学叫你一起去打球，那你就应该专注地把作业做完后，在没有其他需要完成的事情时，再去和同学一起去活动。

要学会制定时间表。当各科老师纷纷布置一堆作业和习题时，要学会制定出一个相应的时间表，把用于每科作业的时间做一个详细、合理的分类。

朋友们，我们的青春是很宝贵的，作为青少年，要懂得珍惜时间，学会管理时间，把更多的时间用在更有用的地方。要明白，善用时间，就是善待自己的生命。

第二章　解决问题应不怕困难

在我们人生的道路，一定会遇到很多困难，碰到一些我们难以解决的问题，这个时候，是前进，还是退缩？是考验我们青少年的一大关口。

前进，则可以激发我们的斗志，战胜看似不能战胜的困难，取得最后的胜利；后退，则会使我们一事无成，成为人生的可耻逃兵。

不怕挫折才能创新

　　当今世界，科技进步日新月异。在这种情况下，鼓励创新、推进创新，成为实现发展进步的迫切需要。然而，干任何事情都有可能成功，也有可能失败，创新作为探索性实践更是如此。

　　青少年朋友，创新实不易，胜败乃平常事。因此，我们要正确对待创新之路上的挫折。对于创新者而言，成功是一种考验，失败更是一种考验。

　　沉醉于成功的辉煌，往往可能停止前进的步伐；走不出失败的阴影，就会错过成功的机遇。现在让我们来看一个不怕失败、勇于创新的故事吧：

　　　　爱迪生在1877年开始了改革弧光灯的试验，他提出要搞分电流，变弧光灯为白光灯。

　　　　这项试验要达到令人满意的程度，必须找到一种物质做灯丝，这种灯丝要经住温度在2000℃、时间在1000小时以上的燃烧。这在当时是极大胆的设想，需要下极大的工夫去探索、去试验。

　　　　爱迪生先是用炭化物质做试验，失败后又以金属铂与铱高熔点合金做试验，还用过矿石和矿苗等共1600种不同的材质做试验，结果都失败了。但这时他和他的助手们已取得了很大进展，已知道白炽灯丝必须密封在一个高度真空玻璃球内才不易熔掉。

就这样，他昼夜不息地试验到了1880年的上半年，仍无结果。他的试验笔记有200多本，共计40000余页，前后跨越3年的时间。他每天工作十八九个小时。每天凌晨三四点的时候，他才头枕两三本书，躺在试验用的桌子下面睡觉。有时他一天在凳子上睡三四次，每次只半小时。

有一天，他把试验室里的一把芭蕉扇边上缚着的一根竹丝撕成细丝，经炭化后做成一根灯丝，结果这一次比以前做的种种试验结果都优异，这便是爱迪生最早发明的白炽电灯——竹丝电灯的雏形。这种竹丝电灯沿用了好多年，直到1908年人们用钨做灯丝后才代替它。

爱迪生在这以后开始研制碱性蓄电池，困难很大，但他的钻研精神更是十分惊人。这种蓄电池是

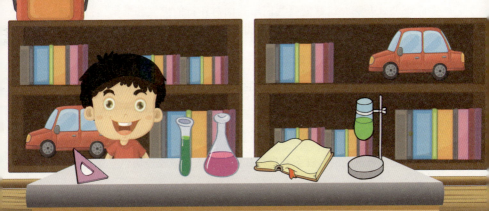

用来供给原动力的。他和一个精选的助手苦心孤诣地研究了近10年的时间，经历了许许多多的艰辛与失败。但爱迪生从来没有动摇过，每次都能重新开始。大约经过50000次的试验，写成试验笔记150多本，他方才达到目的。

发明家爱迪生的故事启示我们：勇敢无畏，不怕挫折，是实现创新的重要条件。创新是艰难的，不可能一蹴而就，也不会一帆风顺，所以我们要有创新不言败的精神。

创新不言败就是不怕失败、勇于追求胜利。失败与成功，失去与得到，总是相对的、辩证的。有大付出，才有大收获；有大境界，才有大成就。

创新是发展的动力。在发展的实践中，失败和挫折在所难免，唉声叹气、因噎废食，只能使我们错失机遇，离成功越来越远。因此，创新就要有一种永不言败的精神和勇气。

亲爱的朋友，创新之路不可能是平坦的，面对挫折的时候，我们应该怎么办呢？这就需要我们培养面对挫折的勇气和抵御挫折的能力。那么，青少年应该怎样培养自己面对挫折的勇气和抵御挫折的能力呢？不妨从以下几点做起：

要正确认识挫折，树立正确的挫折观。不要害怕生活、学习中的挫折，要正视它的客观存在。青少年要认识到，理想是美好的，但实现理想的过程是非常艰难的；经受挫折是人们现实生活中的正常现象，是不可避免的，社会的进程如此，个人的成长经历也是如此。有的人总认为生活中的挫折、困境、失败都是消极的、可怕的，遭受挫折后往往悲观抑郁，甚至丧失了生活的勇气。事实上，一个人经受一些挫折并不完全是坏事，它可以成为自强不息、奋起拼搏、争取成功的动力和精神催化剂。生活中许多优秀人物就是在挫折磨炼中成熟，在困境中崛起的。

相反，一个人如果不经历困难和挫折，总是一帆风顺，就会如同温室里的花朵，经不住风霜雨雪的考验，很容易被一时的挫折所压垮。因此可以说，挫折也是一种机会，只要能保持积极乐观的人生态度坦然面对挫折，树立战胜挫折的勇气和信心，就一定能适应任何变化。

我们要多参加一些活动，并参加长跑、义务劳动等，逐渐培养自己战胜困难的勇气；平时也多做一些难题，以磨炼自己的意志，培养自己敢于竞争与善于竞争的精神，使自己在面对挫折时不气馁，然后刻苦攻关，勇攀高峰。

要改变不合理的信念。"不合理信念"的观点源于美国心理学家艾利斯的理论。他认为，挫折引起的挫折感，不在于事情本身，而在于对挫折的不合理认识。

根据艾利斯的观点，人既是理性的，又是非理性的。人的大部分情绪困扰和心理问题都是来自不合逻辑或不合理性的思考，既不合理的信念。

个体一旦具有这种信念，就会产生焦虑、悲观、抑郁等不良情绪体验。如"我这次顶撞了领导，以后不管我做得怎样，他都不会给我好果子吃""我吃了官司，这辈子算完了"等。几乎每个人都存在不合理的信念，这并不可怕。因为人生来就具有以理性信念对抗非理性信念的潜能。如果我们能够认识到自己的信念是不合理的，并主动调整自己的看法和态度，就可以降低挫折感，调整好情绪。

要冷静思考，提出问题，解决问题。面对挫折，勇敢迎接，冷静下来后，你可以给自己提出以下四个问题："我的挫折和烦恼是什么""我能怎么办""我要做的是什么""什么时候去做"。

或者可以这样想："究竟发生了什么问题""问题的起因何在""有哪些解决的办法""我用什么办法解决问题"。

当一个人能够冷静地提出问题，并寻求解决问题的方法的时候，他就开始向新的高度成长了。

要建立社会支持网络，主动寻求帮助。这既涉及家庭内外的供养与维系，也涉及各种正式与非正式的支援与帮助，包括物质帮助、行为支持、情感互动、信息反馈等。

在大多数情况下，一个人的社会支持网络的规模越大、密度越高，则社会支持力量越强，社会支持的心理保健功效越明显。因此，青少年应当从小学习建立一定的社会支持网络，在挫折来临时，主动求助、相互支持，这是克服困难、战胜挫折的有效方法。

要合理运用心理防御机制。心理防御机制是人在面对挫折时自发产生的反应，能帮助人们暂时缓解消极情绪。

常见的心理防御机制有：

转移。转移注意力，暂时摆脱烦恼，如"做另一件有意义的事来忘掉它""想些高兴的事自我安慰"等。

宣泄。如果心中积压了许多抑郁之情，最好以合理的方式发泄出来，如找个好朋友倾诉一下或进行心理咨询。

幽默。这是一种成熟的心理防御机制。人格发展较成熟的人，常懂得在适当的场合，使用合适的幽默方式渡过难关，消除尴尬。

认同。即让自己以成熟的人自居，认定自己同他人一样，立志追求真善美，并确信自己对社会也是有价值的，借此提高个人自我价值，提高自信心。

想象。结合自身在人生旅程的位置，不断憧憬未来，提出更高的动机需求。但又不醉心于幻想，而要立足于现实，珍惜生命的分分秒秒，追求自己生命的价值。

升华。把原始的不良动机、需要、欲望投射到劳动、学习、文体活动中，抛开杂念与烦恼，执着地追求正当的目标，使精神升华。这是应对挫折最积极的态度。

要培养自信心。自信是青少年心理健康的重要标志，是一种无敌的精神力量，更是一个人应具备的重要的心理品质。心理学家普遍认为，自信和勤奋是一个人取得好成绩的两个重要因素，也是青少年长大成才应具备的重要品质。国家的富强、社会的进步需要人们具备这两个因素，同样，个人的成长也需要自信和勤奋。在激烈的竞争中，自信心就显得更为重要。

要培养耐受力。所谓耐受力是指当个体遇到挫折时，能积极自主地摆脱困境并使其心理和行为免于失常的能力。积极的心理耐受力源于个人的心理韧性。

所谓心理韧性是指个体认准一个目标并长期坚持向这一目标努力，在此过程中，做事不虎头蛇尾，不半途而废，不达目的绝不罢休。如果你具有百折不挠的毅力、坚韧不拔的意志、矢志不移的恒心和乐观自信的精神，那么你的抗挫折能力自然就强，对挫折的适应能力也强。这是我们青少年走向成功的必备素质。

学会多角度看问题

我们把常规思维的惯性，称为"思维定式"。这是一种人人皆有的思维状态。当它在支配常态生活时，还似乎有某种"习惯成自然"的便利，所以不能否认它的积极作用。但是，当面对创新时，如若仍受其约束，难免会对创造力产生较大影响。

若一个人只在阳光下待着，他就很难看到黑暗；同样，若只待在黑暗中，也很难看到光明。思维也一样，如果一个人只会用一个思维模式来看待问题、处理问题，那他就很容易走进死胡同。在观看马戏表演时我们会发现，大象往往能安静地被拴在一个小木桩上。事实上，大象的鼻子能轻松地将一吨重的东西抬起来。如果它想逃走，只需要用点儿力就能把木桩拔起！

那么，为什么它不懂得这样做呢？原来，马戏团的大象从幼年时开始，就被沉重的铁链拴在木桩上，当时不管它用多大的力气去拉，这木桩对幼象而言，都太过沉重，自然拉动不了。慢慢地，幼象长大了，力气也变大了，但只要被拴在木桩旁边，它还是不敢妄动。这就是思维定式。

长大后的大象，其实可以轻易地将铁链拉断，但由于幼时的经验一直留存下来，所以它习惯性地认为木桩绝对拉不动，也就不再去拉扯了。

反观人类，也有类似的情况。我们虽然被赋予"头脑"这一最强大的武器，但总是会受到习惯和常规思维的束缚，而经常不敢突破思维定式，因此难以找到解决难题的出路。用僵化和固定的观点认识外界的事物，有时也会带来危害。

青少年朋友，我们来看一个关于思维定式的小故事吧：

为了让学生在平时养成敢于突破固有思维定式的良好习惯，有位老师在课堂上问一位学生："如果两个人掉进了一个大烟囱，其中一个身上满是烟灰，而另一个却很干净，那么他们谁会去洗澡？"

那位学生很不以为然地回答："当然是那个身上脏的人！"

老师嫣然一笑说："错！那个被弄脏的人看到身上干净的人，认为自己一定很干净，而干净的人看到脏人，认为自己可能和他一样脏，所以，身上干净的人要去洗澡。"

接着老师又问："后来两人又一次掉进了那个烟囱，哪一个会去洗澡？"

学生回答："这还用回答吗，是那个干净的人！"

　　老师又是一笑说："又错了，干净的人上一次洗澡时发现自己并不脏，而那个脏人则明白了干净的人为什么要去洗澡，所以这次脏人去了。"

　　接着老师又问道："他们如果再一次掉进烟囱，哪个会去洗澡？"

　　那位学生支支吾吾地迟迟说不出答案，这时，班上的学生议论开了，有人说，那个干净的人会去洗澡，有人说，是那个脏人。

　　后来，老师又是一笑："你们都错了，你们谁见过两个人一起掉进同一个烟囱多次，结果还是一个干净、一个脏的事情？"

上面的故事说明一个问题，我们许多人都让固有思维定式引导我

们墨守成规地解答问题，这就是思维定式对我们造成的负面影响。其实，对于日常生活中的某些问题，尤其是一些特殊的问题，要敢于打破固有的思维定式。当你在脑海中建立新的思维体系后，问题就会迎刃而解。

我们都有自己的特点，比如：雷厉风行、优柔寡断、慎思严谨、粗心大意等。条条大路通罗马，不过通往罗马的路各不相同，有的是高速公路，一路顺风；有的是崎岖山路，坎坷而行。我们不能简单地说，走哪条路是明智的，走哪条路是愚蠢的，因为每个人都有一套自己的思维模式，走哪条路都是由我们的固有思维模式来决定的。

中国有句名言："横看成岭侧成峰。"意思是在每个角度所看到的山峰是完全不一样的。做事情、想问题也是这样，在不同的思维模式下看问题，所得到的结果也大为不同。

当我们陷入一个模式中，并苦苦挣扎时，不妨让自己换一种思维，转一个角度，也许"山穷水尽"马上就会"柳暗花明"。面临问题时，我们不要一味地和自己较劲，如果你能换个思维方式想问题，懂得另辟蹊径，相信再难的问题也会迎刃而解。

对那些懂得变换思维方式的人来说，面对难题，他们总能轻松应对。有人不解其中奥妙，问他们其中的诀窍，他们会说："换一种思维想问题，再难的问题也不过如此。"

在解决问题时，我们要尽可能突破原有思维的局限，学会另辟蹊径，有时出人意料的新方法往往能收到意想不到的效果。不信？那就看看下面这个笑话吧：

　　一个聪明的父亲有一个凤愿，就是让自己的儿子成为世界银行的副总裁。

父亲对儿子说:"我想给你找个老婆。"

儿子说:"我的事我自己办,让你帮我找,不如我自己找!"

父亲说:"我为你找的这个女孩子是比尔·盖茨的女儿!"

儿子大惊,说:"要是这样,可以。"

然后,这位父亲找到了比尔·盖茨。

父亲说:"我给你女儿找了一个老公。"

比尔·盖茨说:"不行,我女儿还小!"

父亲说:"可是这个小伙子是世界银行副总裁!"

比尔·盖茨感到很惊喜,说:"啊,这样,行!"

最后,这位父亲找到了世界银行的总裁。

这位父亲说:"我给你推荐一个副总裁!"

总裁说:"可是我有太多副总裁,不用你推荐!"

父亲说:"可这个小伙子是比尔·盖茨的女婿!"

总裁大喜,说:"这样呀,行!"

于是，父亲终于如愿以偿了。

这位父亲用一个一般人想不到的方法，得到了一个令人瞠目结舌的结果。故事也许很荒唐，但是他的思维方式却值得我们思考。面对难题，也许我们换一个思维方式想问题，找一个独辟蹊径的方法，难题就会迎刃而解了。

在学校长时间学习的青少年，难免会对一些事情或一些题型形成一定的固定思路，很容易形成思维定式。思维定式容易使我们产生思想上的限制，久而久之就会使我们养成一种呆板、机械、千篇一律的解题与做事的习惯。

学习中，很多人一旦发现过去用过的方法和经验不能解决现在遇到的问题时，便会理直气壮地说："这个问题根本无法解决！"

当被问及为什么不想想还有没有新方法时，他们也常会满脸疑惑地回答："还有什么新方法吗？"

"还有什么新方法吗"，从回答可以看出，他们根本就没有寻找新方法的打算，也很难相信会有什么更好的方法。

大量的教学实践都说明，青少年之所以在平时会出现许多解题失误，都是由思维定式造成的。日常生活是多彩的、千变万化的，当一个问题的条件发生质变时，思维定式却会使我们墨守成规，难以涌现出新思维，做出新决策。

特别是当新旧问题交替出现，差异性起主导作用时，由旧问题的解决方法所形成的思维定式则往往有碍于新问题的解决。有一道趣味题是这样的：有四个相同的瓶子，在不放在一起的情况下，怎样摆放才能使其中任意两个瓶口之间的距离都相等呢？

一般情况下，许多青少年朋友都会按固有的思维模式去任意摆弄四个正立的瓶子，但却毫无头绪。要想解决这个问题就要敢于打破固有的思维定式。

原来，将其中三个瓶子的瓶口放在正三角形的三个顶点上，将第四个瓶子倒过来放在三角形的中心位置，使四个瓶子的瓶口构成一个正面体的四个顶点，答案就出来了。将第四个瓶子"倒过来"，是解这道题的关键所在。

在一定情况下，养成敢于突破思维定式的习惯是青少年学习中非常宝贵的，这是我们认识新事物、接受新知识的一种挑战。所以，青少年朋友应当在平时自觉养成勇于突破固有思维定式的良好思维习惯，从而创造出更多的奇迹。

挖掘潜能，释放能量

人们常说，是金子总会发光，可是如果我们只是一块普通的石头呢，也能发光吗？答案是肯定的。只要给它一个独特的环境并进行激发，就算是一块普通的石头也会爆发出惊人的能量，闪耀出它璀璨的光芒，这光芒就是我们潜在的能量！

潜能是以往遗留、沉淀、储备的能量。科学家认为，自然界不仅仅只有人和动物具有各种不为人知的潜在的能量，就是普通的石头也具有可开发的能量，关键是如何把它给激发出来。

为了研究某些能量是否可以通过特殊的环境激发出来，科学家们通过对宝石，如玉石、钻石等自然界矿物质进行了研究，研究结果表明，许多矿物质的形成都是通过高温、高压等各种环境激发的。

科学家们为此做了一个非常有趣的实验：把普通的硅石加入一些稀有元素，模仿火山爆发时的能量和环境，用高温高压去激发，竟然发现了一种可以储存光能的物质，也就是说它能把太阳光、普通灯光的能量储存起来，在没有光线的地方释放出光芒。

科学家根据这种能吸引能量和释放能量的物质特性，把这种合成石头称为潜能能量石，俗称发光能量石，这种合成石头受外部能量的激发，导致内部结构的变化而实现发光的功能。

更重要的是，由于它无毒、无害、无放射性，通过能工巧匠们的精雕细琢和打磨，成为一些人自我暗示潜能激发的信物。

它的出现，不仅仅是高科技的结晶，更是给了我们一个非常重要的启示：普通的石头都可以在特定的环境下被激发出潜在的能量，而变得有吸引力，何况是人？

我们每一个人，在一些特定情况下，比如生命危急时刻、亲人遇险的时候，潜能都会得到激活，做出平时根本做不到的事情！现在，我们来看一个小故事吧：

9岁的林浩是汶川县映秀镇中心小学二年级的学生。在汶川"5·12"大地震发生的时候，班上正在上数学课，林浩同其他同学一起迅速向

教学楼外转移，未及跑出，他们便被压在了废墟之下。

此时，废墟下的林浩表现出了与其年龄所不相称的成熟，身为班长的他在废墟下组织同学们唱歌来鼓舞士气，并安慰因惊吓过度而哭泣的女同学。

后来，经过两个小时的艰难挣扎，身材矮小而灵活的林浩终于爬出了废墟。但此时，林浩班上还有数十名同学被埋在废墟之下。逃出来的林浩，立即去救压在里面的同学。林浩再次钻到废墟里展开了救援，经过艰难的救援，他将两名同学背出了废墟，在救援过程中，林浩的头部和上身有多处受伤。

"爬出来后，我看到一个男同学压在下面，我就爬过去，使劲扯，把他扯了出来，然后交给校长，校长又把他交给他妈妈背走了。后来，我又爬回去，把一个昏倒在走廊上

的女同学背出来，交给了校长，她也被父母背走了。"

连续救了两个同学的林浩，再次跑进教学楼救人时，遭遇楼板垮塌，又被埋在了下面。后来，他使劲挣扎，终于被老师拉出来。

林浩所在的班级，共有32名学生，在地震中有10多人逃生。这其中，就包括林浩背出来的两个同学。

人的潜能有着超乎寻常的力量，曾有报道说，有一个人为了逃命跳过了宽达4米的悬崖。所以说在某种环境下，在某种压力下，人的潜能就会充分发挥出来，创造出不可预知的奇迹。

林浩能够在地震中顺利逃出来，与他的潜能得到激发不无关系。古今中外，那些被世人铭记于心的成功人士，他们的灵感、直觉、念力、预知力都是潜在能力的具体表现。

人体内所隐藏的潜在力量，是一种超越时间、跨越空间的能力，有时，人们只能用奇迹或超能力来解释这种神奇的力量，其实它就蕴藏在我们的身体里。如果一个人懂得如何充分地挖掘自己潜在能力，那么他就几乎就没有达不成的愿望。

一位农夫在谷仓前面注视着一辆轻型卡车快速地开过他的土地。他14岁的儿子正开着这辆车。由于年纪还小，这孩子还不够资格考驾驶执照，但是他对汽车很着迷，而且已经能操纵一辆车子，因此农夫就准许他在农场里开客货两用车，但是不准上外面的路。

突然间，农夫眼看着汽车翻到水沟里了，他大为惊慌，急忙跑到出事地点。他看到沟里有水，而他的儿子被压在车子下面，躺在那里，只有头的一部分露出水面。

这位农夫并不很高大，后来根据报纸上所说，他有1.7米高，70千克重。但是他毫不犹豫地跳进水沟，把双手伸到车下，把车子抬了起来，让另一位跑来援助的工人把那失去知觉的孩子从下面拽出来。

当地的医生很快赶来了，给男孩全身检查了一遍，发现只有一点儿皮肉伤，其他毫无损伤。这个时候，农夫却开始觉得奇怪了，刚才他去抬车子的时候根本没有停下来想一想自己是不是抬得动，由于好奇，他就再试一次，结果根本就抬不动那辆车子。

医生解释说，这是因为身体机能对紧急状况产生反应时，肾上腺就分泌出大量激素，传到整个身体，产生出额外的能量。

由此可见，一个人可能存有极大的潜在体力。这个故事还告诉我们另一个更重要的事实，农夫在危急的情况下产生了一种超常的力量，并不仅是肉体反应，它还涉及心智的精神力量。当他看到自己的儿子可能要淹死的时候，他的心智反应是要去救儿子，一心只想把压着儿子的卡车抬起来，而再也没有其他的想法。可以说是精神上爆发出潜在的力量。

人在绝境或遇险的时候，往往能够发挥出不寻常的能力。人如果没有了退路，就会产生一股"爆发力"，这种爆发力就是人的潜能。人的潜能是多方面的：体能、智能、经验、情绪反应等。然而，由于情境上的限制，人通常只发挥了自己十分之一的潜能。那么潜能到底是什么呢？

潜能，就像一座蓄势待发的火山，虽然我们不能时时看到它的喷发，但岩浆无时无刻不在地底涌动。

潜能就像一个宽广而深邃的水库，只要你一拉闸门，它将波涛汹涌，一泻千里。潜能就是你灵魂深处的一种力量，只要你能发现它，并勇敢地展示出来，它将使你都不敢相信自己竟有如此巨大的能量。

朋友，你知道吗？我们每一个人都是一座未经开掘的金矿，是金子总会发光的，你只有努力地去挖掘自己的金矿，才能让自己的人生没有遗憾。

蜜蜂羡慕雄鹰能够搏击蓝天、自由翱翔，却没有意识到自己能传播花粉，使大自然变得五彩缤纷、果实累累；岩石羡慕碧玉青翠欲滴、价值可观，却没有意识到自己能够成就平坦大道和万丈高楼；丑小鸭羡慕白天鹅洁白无瑕、万般美丽，却不知道自己正焕发出独特的风采。

相反，山楂不因苹果的硕大而畏缩，于是为金秋捧出簇簇红果；小溪不因江河的浩瀚而干涸，于是唱出了曲曲欢歌；野花不因牡丹的艳丽而自卑，于是点缀了漫山遍野处处芳香。

当老年的卢梭把孤独的身影留在香榭丽舍大街，留在巴黎郊外的草丛中时，几乎所有的人都认为他已没有了风采，已完成他的登峰造极的人生而走向天国的花园。

没有人去问候这位老人，也无人去探求他那曾经倾倒一代人的心底是否还闪着火花，更没有人去留意，这位孤独的老人会留给时代什么东西。

然而杰出的才华并不因为抛弃、埋没而消失，卢梭用他充斥着生命热血的心灵爆发出了所有潜能，用哲人的思考和想象留下了盖世无双的佳作。卢梭是一个真正认识自己、把握自己的智者，因为他知道平静的火山往往会爆发出惊人的能量。

每天都告诉自己，石头也会发光，更何况，我们是这个世界上独一无二的人，相信自己，别人行，我们也一定行！相信就是力量，一切皆有可能！

战胜自我才能成功

对于青少年来说，只要在前进的道路上，勇于战胜自我，即使失败了也是一种锻炼。要做到胜不骄，败不馁，不要永远活在失败的阴影下，勇敢地去找寻失败原因，提升自己，战胜自己，相信自己一定能把人生这局棋走得很精彩！

人生就像是一盘棋，怎样去下，每一步要怎样去走，全由自己来掌握。也许会走错棋，也许会走进死胡同，没关系，只要这盘棋还没有结束，一切转机都有可能出现。

只有勇于战胜自我，才能少一些不必要的烦恼与忧愁。战胜自己，何需等待！拿出你的勇气来，勇往直前，永远进取吧！朋友，让我们来看一个战胜自我的小故事吧：

巴雷尼小时候因病成了残疾人，母亲的心就像刀绞一样，但她还是强忍住自己的悲痛。她想，孩子现在最需要的是鼓励和帮助，而不是母亲的眼泪。

母亲来到巴雷尼的病床前，拉着他的手说："孩子，妈妈相信你是一个有志气的人，我真心希望你能用自己的双腿，在人生的道路上勇敢地走下去！好巴雷尼，你能够答应妈妈吗？"

母亲的话，像铁锤一样撞击着巴雷尼的心扉，他"哇"的一声，扑到母亲怀里大哭起来。从那以后，母亲只要一有空，就会陪伴、帮助巴雷尼练习走路，做体操，常常累得满头大汗。

有一次母亲得了重感冒，她想，做母亲的不仅要言传，还要身教。尽管发着高烧，她还是下床按计划帮助巴雷尼练习走路。

黄豆般的汗水从母亲脸上淌下来，她用干毛巾擦擦，咬紧牙，硬是帮巴雷尼完成了当天的锻炼计划。

体育锻炼弥补了由于残疾给巴雷尼带来的不便。母亲的榜样作用，更是深深教育了巴雷尼，他终于经受住了命运给他的严酷打击。

他刻苦学习，学习成绩一直在班上名列前茅，最后，以优异的成绩考进了维也纳大学医学院。大学毕业后，巴雷尼以全部精力，致力于耳科神经学的研究，最后，终于登上了诺贝尔生理学和医学奖的领奖台。

你自己不愿成功，谁拿你也没办法；你自己不行动，上帝也帮不了你。只有自己想成功，才有成功的可能。巴雷尼正是战胜了自我，最终取得了成功。

人生如戏，每个人都是自己生活中的主角，不必模仿谁，我是我，你是你。好好地活着，为自己活着，有梦想就大胆追求，失败也不要放弃。对青少年来说，真正的成功，不在于战胜别人，而在于战胜自己。

有句话说得好："不会战胜自己的人，是胆小的懦夫。"突破自我，需要勇气，需要顽强的生命活力。

青少年朋友，无论你拥有的是健全的身躯还是残缺的臂膀，是优越的条件还是困窘的环境，大胆地拿出你的勇气、你的胆识，去克服困难，克服恐惧，克服失败带给你的消极情绪。不管你是正在前行中，还是失意时，不要再彷徨，不要再犹豫，对现在的你来说，从失败中找出通向成功的途径，这才是最重要的。

朋友们，只要勇于战胜自己就等于打开了智慧的大门，开辟了成功的道路，铺垫了自己人生的旅途，铸成了一种面对任何烦恼和忧愁都不退却的良好心态。

战胜自己说起来容易，但是真正地做起来要比战胜别人难得多，因而战胜自己，就要有坚韧不拔的意志，要有根深蒂固的信念，要有在逆境中成长的信心，要有在风雨中磨炼的决心。

拿破仑在全盛时期几乎统治半个地球，战败后被囚禁在一座小岛上，相当烦闷痛苦，他说："我可以战胜无数的敌人，却无法战胜自己的心。"

可见，能战胜自己，才是最懂得战争的上等战将。要战胜自己很不简单，一般人得意时忘形，失意时自暴自弃；被人家看得起时觉得自己很成功，落魄时觉得没有人比他更倒霉。唯有不被成败得失所左右、不受生死存亡等有形无形的情况所影响，纵然身不自在，却能心得自在，才算战胜自己。

亲爱的朋友，请你一定要记住，在生命中勇于突破自我，战胜自己，不要放弃自己的梦想和追求，要努力向前！

第三章　解决问题要志向坚定

　　志向是人们在某一方面决心有所作为的努力方向。只有志向坚定，才能获取成功。坚定志向的前提是要对自己有信心，相信自己一定能成功，永不轻言放弃！

　　拼搏是实现志向的重要条件。拼搏就是在困难面前不低头、压力之下不逃脱，摔倒了爬起来继续向前。拼搏是长期的过程，需要坚韧的毅力来维持，需要坚定的信心来导航。

远大志向能激发你的才智

随着我们逐渐长大，我们的自我意识开始迅速发展，就会对认识"自我"表现出极大的兴趣。此时，我们要注意培养、激发与保护自我意识的发展，特别要注意培养自我接受能力和自我认识能力，正视自己，不断自我勉励，建立自信心。

青少年本来处于不断成长的时期，不断发展、不断超越，是这一人生阶段的基本要素与要求，也是成长的标志。长身体，长知识，初步确立人生观和世界观，是我们此时的"天职"。我们青少年理应信心十足、朝气蓬勃，应对未来充满美好憧憬。

心指引着我们人生的方向，环境虽能造就人的品性，但不能改变我们坚定的意志。不要太在意你头顶上的那层屋檐是高还是低，因为那不是最重要的，最重要的是你能不能让自己飞扬在心灵的天空中，越飞越高。

心有多大舞台就有多大，这是促进一个人成功的理念，只有你的心里一直惦念着草原，你才有可能坚持去看一看你心里的那个草原。只有心里想到了，才有可能做到。

朋友，我们来看看一个侏儒症小女孩的心有多大，意志有多坚强的故事吧：

　　1980年，逯家蕊在吉林市出生时，体重为三千克，一切正常，但是在2岁左右的时候，父母发现她长得特别矮。

　　经过多方求医，逯家蕊得到的诊断是：垂体性侏儒症。经过治疗，最终，她的身高定格在1.16米。

　　随着年龄的增长，逯家蕊渐渐习惯了别人异样的眼光。可是，身高直接影响到逯家蕊的求学。很多学校都因为她长得太矮小，担心她身体会出问题而拒绝她入校就读。经过父母多方面的努力，逯家蕊终于顺利上学，并在高考时，考入长春师范学院，英语专业。

　　选择英语专业，是逯家蕊的父母和逯家蕊商量过的。大家都认为，学英语、做翻译工作很适合她。

　　在大学期间，因为逯家蕊的个子太矮，坐下去就看不到黑板，她只能站着上课，常常一节课下来腿都肿了。她就是这样站着读完了大学，顺利通过专业英语八级考试的。

很多人都不相信，以为逯家蕊会很自卑。在她上小学和初中时，她的确有过自卑，但上高中、大学后，她便一直很坚强和自信，因为她知道：人活着总会有挫折、有坎坷，个子矮不是自己的错。

大学毕业后，由于逯家蕊不仅拿到大学本科文凭，还顺利拿到八级英语证书，很多单位向她抛出橄榄枝。

考虑到暂时不能离父母太远，她选择在长春一家制药企业做兼职翻译，同时还为上海、北京和杭州的三家企业做网上翻译的工作。

一个身高只有一米多点儿的女孩，不仅实现了自理，而且顺利地考上大学，顺利拿到毕业证，获得了英语专业八级证书，找到了合适的工作，为自己撑起了一片天，真是值得我们每一个人敬佩。这真是人小志气高，心有多大舞台就有多大啊！

种子怀着对春天的渴求，冲破泥土的禁锢，迎来了轻快的春风；蝴蝶怀着对世界的梦想，冲破茧蛹的封闭，迎来了芬芳的鲜花；鸣蝉怀着对新生的憧憬，冲破蝉蜕的束缚，迎来了清凉的微风。

朋友，敞开你心灵的门吧，大胆去追求你的目标，实现你的梦想，成就你的憧憬！不管你多么平凡、多么渺小，但要相信心有多大，舞台就有多大。

志当存高远。崇高的理想可以激发人的才智，激励人奋发向上。唯有心怀梦想，才有一飞冲天的壮举；唯有志在蓝天，才有盘旋翱翔的雄姿。雏鹰，激荡着信心和毅力，历经磨难，终于成为天空中飞翔的精灵。

有这样一个故事：

　　在一个群山起伏连绵不断的山区里，儿子问父亲："山的那一边是什么？"

　　从来没有走出过大山的父亲告诉儿子说："山的那一边是山。"

　　儿子又好奇地问道："山的那一边最后是什么呢？"

　　吸着自己做的老烟袋的父亲很肯定地说："还是山！"

　　儿子长这么大第一次没有相信父亲说的话。他在心里想着：山的那一边一定不是山。他想象着各种美丽的画面，并且下定决心，将来自己一定要走出这一片大山，去看看山的那一边到底是什么。

后来，儿子长大了，他背着包袱，尝试走出那一片祖祖辈辈的思想误区。最后他坚持着自己的信念，不辞千辛万苦，终于走出了那一片连绵起伏的山，映入他眼帘的是一片蔚蓝色的大海。

假如这个小男孩相信了父亲说的话，他就很可能一辈子见不到蔚蓝的大海了！可喜的是他怀着远大的志向，因此走出了大山，看到了山外的世界，看到了梦想中的大海。

心有多大，舞台就有多大。小小的蜗牛因携着重重的壳而行动缓慢，在其他动物的嘲笑和讥讽中却依然不放弃自己的梦想，跳跃在自己心灵的舞台上。

终于，蜗牛在不断攀登、不断仰望的过程中踏上了最高点，寻找到了属于自己的天空，登上了属于自己的舞台。

平凡的身躯，当拥有渴望时，心灵的舞台会彰显它的高大；渺小的生命，当怀有梦想时，心灵的舞台会放大它的光芒。

心有多大，舞台就有多大。没有世人的掌声，便用心灵奏乐，将自己先征服，先感动。我们不能做到让所有人都认可我们，但我们可以做自己的观众。

拿破仑说过，不想当将军的士兵不是好士兵，因为一个人只有拥有了更远大的梦想，在心中有了更大的舞台，才会付出更多的努力，才会是一个好的舞者，才能创造更大的价值。

人生的志向犹如一盏长明灯，照亮着我们人生成功的道路；犹如一首感人肺腑的乐曲，激励着我们勇往直前、永不言败。人生志向犹如航海中的罗盘，有了罗盘，才能更准确地到达胜利的彼岸。

竺可桢在少年时就写下自己的人生志向："我将一生学好科学，以科学来唤醒中华，振兴中华。"之后，他就为之不停地努力拼搏，最终，他在气象学等领域取得了非凡的成就。

少年时期的茅以升，就立志要成为一名出色的桥梁建筑专家，以后要建造坚固而实用的大桥，为祖国做贡献。因为有了志向，他也就有了为之努力、为之奋斗的方向，因此，他最终成为一名著名的桥梁大师，实现了自己的人生志向，钱塘江大桥、武汉长江大桥都是他人生志向最好的见证。

人生有远大志向才能充满意义与色彩。带着人生志向去追逐人生中的彩虹，相信你一定可以拥有一个多彩的人生。否则，你很可能庸庸碌碌一辈子，甚至连自己都养活不了。

天上不会掉馅饼，生活不会毫无缘故地送给你礼物，你付出多少，就会收获多少；你想到多少，就会做出多少。它只为你的所作所为付出相等的报酬。

我们心中的志向可以将我们带入平常人所不能到达的世界，在那个世界里，有我们渴望获得的一切。思想有多远，我们的路就能走多远。

在这个充满竞争与挑战的时代，有梦想才能发展，有梦想才能走上成功之路，有信心才能进步。每个人心中都应该有一个舞台，心有多大，舞台就有多大。

作为青少年我们要时刻记着：心中的舞台是发展的动力和求取成功的源泉，大胆务实地确立目标，并坚定不移地实现目标，这是无数人取得成功的法宝。

青少年朋友们，让我们认准自己的方向，朝着目标，勇敢前进吧！前方，就是胜利的曙光！朋友们啊，让我们唱起这首歌——《小小志向》，一起飞翔吧：

> 我有一个小小的志向，
> 像那白鸽一样，白鸽一样，
> 练就坚强的翅膀，
> 在蓝天里自由飞翔，自由飞翔。
> 啊！自由飞翔，自由飞翔。
> 歌唱着美好，
> 传递着吉祥。
> 坚定的誓言永记心上，
> 让小小的志向插上腾飞的翅膀。
>
> 我有一个小小的志向，
> 像那军舰一样，军舰一样。
> 汽笛一鸣就起航，
> 在大海里搏击风浪，搏击风浪。
> 啊！搏击风浪，搏击风浪。

保卫着祖国，

守卫着边疆。

豪迈的誓言永记心上，

让小小的志向闪烁灿烂的光芒。

……

为实现理想奋斗不息

青少年朋友，我们每一个人都有着自己的理想，这理想都需要在我们自己的努力与他人的帮助下才能实现，要历经很多的艰难险阻，但它绝不是高不可攀的！它需要我们现在从每一件小事做起，正如中国的一句古话——"千里之行，始于足下"。

在我们向着理想努力的过程中，不可能是一帆风顺的！

我们虽然不是英雄，但是为了理想，我们可以成为奋斗在理想道路上的英雄。我们在面对大大小小的打击时，想到的应该是生命不息，战斗不止。

《易经》中说："天行健，君子以自强不息。"自强不息，是中华民族伟大精神的所在，是一个国家不断发展与强盛的动力之源。如果一个人不论面对什么困难，都能够百折不挠、自强不息，那么毫无疑问，成功必将属于他。

然而，我们有些青少年因为安逸的生活，缺乏自强不息的精神，他们就像温室里的花朵，经不起风吹雨打，很容易凋零。我们不要做温室里的花朵，朋友们，让我们从现在开始，为理想而奋斗吧！

也许你的信心还不够充足，也许你还没有做好充分的准备，也许你还有这样那样的理由……但是，朋友们，我们要清楚，时间是不会等我们的。

只要梦想不灭，一切皆有可能。朋友，你有梦想吗？想实现它吗？那就从现在开始，不断努力、冲刺、抗争、拼搏，目标会一步一步向你靠近，你也就一步一步地实现了自己的理想！你还等什么呢？

光阴似箭催人老，日月如梭趱少年。光阴何其短暂！光阴何其宝贵！当人们还没省悟过来之时，时间老人早已蹒跚地走过了一个又一个人生的巷口。

倘若你不抓紧时间奋斗进取，拼搏出属于自己的一片天地，那么你将会成为一个既可悲又可怜的人。因为你的人生画卷是如此的空白，如此的缺乏光彩。本来应该由你涂抹的画卷，却因为你的虚度而被白白地弃用。

铸剑师十年磨一剑，为的就是打造一把真正的利器。漫长的十年，在铸剑师眼里是那样短暂，因为他早已将岁月忽略。

可以这样说，他没有浪费光阴，他可以自豪地说："为了一剑活十年，我无怨无悔！"

与其任时间白白流逝，倒不如抓住它，好好利用一番。相信成功总是垂青这类人的。若干年后，当步入暮年，你可以对自己说："我的青春没有虚度，我的人生终于有所成就，我高兴，我自豪。"

　　这是一个理想的结果，事实上许多人到老的时候，往往感到很失落、很无奈。青春无悔对他们来说只能是个谎言。青年时无所建树，让他们后悔莫及。世上没有后悔药，一错过成千古恨，再回首已百年身。人生之悔莫过于此。

　　人生如白驹过隙，岁月无情地流逝着。我们应该静下心来，抓住时间的尾巴，乘风破浪，享受搏击沧海的乐趣。这样，在离世的时候，我们才能够平静地说："我来过，我无悔，我快乐。"

　　青少年朋友啊，不要将遗憾留下，抓紧时间奋斗吧！让我们共同唱一首《奋斗》之歌：

　　　　奋斗，奋斗，为了理想而奋斗，
　　　　为了将来而奋斗。
　　　　奋斗，奋斗，为了欢笑而奋斗，
　　　　为了真爱而奋斗。
　　　　奋斗，奋斗，为了追求而奋斗，
　　　　为了目标而奋斗。
　　　　奋斗，奋斗，为了信念而奋斗，
　　　　为了明天而奋斗。
　　　　奋斗，过去的时间就不再有。

　　　　紧抓住梦的手，别为谁停留。
　　　　奋斗，时光证明不朽，
　　　　随心风雨同舟大步向前走。
　　　　暴雨中痛算什么，

擦干眼泪带着伤去拼搏，

惊涛骇浪后泪算什么。

谁也挡不住我的执着，

为理想奋斗！

……

命运就在自己手中

命运是一个人一生所走完的路，是一个人一辈子完成的"作业"。有的人认为，命运是天注定的，是不可以改变的。事实真的如此吗？当然不是了。命运不过是人生的方向盘，驶向哪个方向，完全掌握在每个人自己的手中。

虽然你无权决定你的出身，但你有权决定自己该怎么过。你可以过得很失败，也可以过得很成功；你可以过得很痛苦，当然也可以过得很快乐。这一切全在你的一念之间。

青少年朋友，我们来看看一个小男孩是如何成长为高级人才的吧：

"和很多同学一样，我也出生在一个小城市的普通工人家庭。小时候起，除了学习，我的兴趣非常广泛。那个年代，在我生活的山西阳泉那个小城市，电视还没有普及，更别说电脑、互联网了。

"后来，我的姐姐考取了北京大学，成为我们当地的

'明星'。临走时她对我说：'外面的世界很美丽，所以你一定要好好学习，考上大学，走出阳泉，这样你未来的路才会更宽阔。'

"我听从了姐姐的建议，从那时起开始发奋学习。我第一次接触计算机是在高中一年级，我一下子就被这奇妙的东西吸引住了。从那时起，为了能到机房上机，我经常找到老师软磨硬泡。比别人更多的上机实践，也让我在计算机方面的技能比其他同学强。

"不久以后，学校派我到省会太原参加全国中学生计算机比赛。去之前我信心满满，只觉得自己的计算机水平不错，甚至还想拿个名次回来。结果没有想到，我连个三等奖也没得到。

"这样的结果对我而言在某种程度上是一个打击。一开始我想不通，但是，当我走到太原书店时，我才知道为什么没有办法和他们竞争。我发现，那里有许多我在阳泉根本看不到的计算机方面的书，别人在信息的获取上比我有先天优势。

"这次经历让我第一次感到了眼界与命运的关系，我又想起姐姐对我说的话，于是，我渴望到外面的世界看看。

"在之后的近

20年，无论是在北大的求学经历，还是在美国学习计算机以及在华尔街和硅谷的工作经历，都大大开阔了我的视野，甚至对我后来创立百度公司也产生了巨大的影响。"

　　故事中的"我"不用详细跟大家介绍了吧？他就是百度创始人李彦宏，他的故事，大家也差不多是耳熟能详的，是不是值得我们青少年认真学习一下呢？

　　其实，他的这段故事最主要就是表现了一点，他努力掌握了自己的命运。因此，他成功了！

　　李彦宏的命运是他自己掌握的，那么，我们的命运呢？也只能是我们自己掌握的。我们经常听到有的人总是在抱怨上天不给他机会，自己的命运很糟糕。仔细想想又何必怨天尤人？天上不会掉馅饼，机会是靠拼搏得来的，命运也是由自己掌握的。

　　亿万富翁比尔·盖茨用他的行动向我们揭示了这一道理。他很有设计天赋，18岁考入了哈佛大学，在第三学年时毅然退学，和朋友一起去开创微软事业。他的父亲十分生气，恨不得用拳头狠狠地教训他。

　　但父亲的愤怒并没有改变比尔·盖茨的志向。假若他当时听从了父亲的意见，继续上大学，那么这个世界上就很可能少了一个亿万富翁，而多了一个书呆子，正因为他掌握了自己的命运，才成就了他的微软事业。

　　有时候，是生，是死，也掌握在自己手里。汶川大地震中，有多少人不幸地离开了人世，而又有多少人创造了奇迹。22岁的乐刘会，地震时不幸被埋在废墟中。在黑暗的日子里，她心中怀着光明。有人时她就大声呼叫，无人时她就保存体力。

在艰苦的环境里，乐刘会从来没有放弃过活下去的信念。靠着这个信念，她终于获救了。倘若她放弃了活下去的信念，她就不可能获救。从某个角度讲，是她自己救了自己。

说到底，命运是掌握在自己手里的。自己掌握命运，你就会和鲜花拥抱，和成功握手，和痛苦说再见。古往今来成大事者，他们用一生的奋斗去努力、去争取，最终成就理想。

当你的成绩不理想时，不要抱怨自己天资不够，而是应该思考自己有没有付出持续的努力。如果你非要抱怨上天的不公，先来和这两个人比一下吧：

命运对于贝多芬似乎毫无公平可言，一个音乐天才，命运却让他失去了双耳的听力，可是他并没有向命运低头，而是用他的心去创作，经过不懈努力，他最终创作出了闻名于世的辉煌篇章。

命运好像也在故意捉弄霍金，让他终生在轮椅上度过，尽管如此，霍金也不服从命运的安排，自己说不了话，使用眼睛传达，最终他成为20世纪物理学界的伟人。

如果比较不公，你的遭遇与这两个人比起来怎么样呢？许多人都是经历了挫折之后才取得成功的，我们不应该屈服于命运的安排，而应该把握眼前的一切，去面对生活。

每一个人都渴望成功，那么我们就应该在刚刚起步的时候，用我们无悔的青春，去浇灌那刚刚萌芽的种子。漫漫人生路，谁都难免遭遇各种失意或厄运，一个强者，是不会低头的。

　　我们不能预知生活的各种情况，但我们能够适应它，这个世界上没有任何人能够改变我们，只有我们自己才能真正地改变自己，也没有人能够打败我们，除了我们自己。

　　悔恨、抱怨不会改变命运，它只会消耗你更多的时间。不成功的人通常在不经意间松开他们的双手，任由机会远离他们，在命运面前他们束手无策，这也是他们没有实现理想的主要原因。守株待兔更是没用，命运不会青睐于没有准备的人，只有不断地探索，克服种种不利因素，才能获得成功。

　　其实，成功与否也取决于对命运的态度，因为人的一生中会有诸多的挫折，而成功又恰恰隐藏在这些挫折中。

　　孟子说得好："天将降大任于斯人也，必先苦其心志、劳其筋骨、饿其体肤。"如果你一遇到困难就退缩，不继续努力，你就只能无所

事事，成功的大门永远向你紧闭。

有人说命运的力量是很强大的，它似乎左右着我们的一切，但别忘了，命运掌握在自己的手中，只有自己把握好生命的主旋律，才能奏出幸福的曲调！

因此，生命的意义在于不断探索、不断进取，遇到困难的时候，请握紧自己的双手，记住命运掌握在自己的手中！

青少年朋友，每个人都应该心中有梦，有胸怀祖国的大志向，找到自己的梦想，认准了就去做，不动摇。我们不仅仅要有梦想，还应该用自己的梦想去感染和影响别人，因为成功者一定是用自己的梦想去点燃别人的梦想，是时刻播种梦想的人。

亲爱的朋友，困难并不可怕，只要我们能乐观地面对；命运也可以改变，而钥匙就握在我们的手中。

勤勉使你如虎添翼

"业精于勤而荒于嬉，行成于思而毁于随。"这虽然是一句古老的名言，但在今天却依然散发着智慧的光芒。人世沉浮如电光火石，盛衰起伏，变幻难测。如果你有天赋，勤奋则使你如虎添翼；如果你没有天赋，勤奋也将助你赢得成功。

我们都渴望成功，可是又有多少人为此在辛苦努力着呢？成功之花，人们只惊异于它现时的明艳，却不知当初它的芽浸透了奋斗的汗泉，洒遍了牺牲的血雨。是的，在成功者的背后总隐藏着鲜为人知的故事，经历了多少风风雨雨，又历尽了多少坎坷，他们才站在了胜利的舞台上啊!

推动世界前进的人并不是那些严格意义上的天才,而是那些智力平平而又非常勤奋、埋头苦干的人;不是那些天资卓越、才华横溢的天才,而是那些不论在哪一个行业都勤勤恳恳、劳作不息的人。

青少年朋友,即使你身体有残缺,即使你没有过人的天资,即使别人看不起你,只要你自强不息,就能改变别人对你的看法,就能开拓出一片属于自己的天地!

青少年朋友,我们来看一个勤奋成才的小故事吧:

童第周出生在浙江省鄞县的一个偏僻的小山村里。由于家境贫困,小时候他一直跟父亲学习文化知识,直到17岁才迈入学校的大门。

读中学的时候,由于童第周的基础太差,所以学习十分吃力,第一学期期末平均成绩才45分。为此,学校劝其退学或留级。在他的再三恳求下,校方才同意他跟班试读一学期。

此后,童第周就与路灯常相伴:天蒙蒙亮,他在路灯下读外语;夜里熄灯后,他在路灯下自修复习。功夫不负有心人。期末,他的平均成绩达到70多分,几何还得了100分。

通过这件事,童第周悟出了一个道理:别人能做到的事,自己经过努力也能做到。世上没有天才,天才是用劳动换来的。

这成了他的座右铭。

就这样,靠着勤奋刻苦的精神,童第周顺利考上大学,并出国深造，取得了很大成绩。

　　童第周从小家境贫寒，并且学习一般，但他喜欢读书，乐于吃苦，不怕困难，最终成就了他的辉煌。这充分说明了任何人的成功，都不是靠幸运得来的，那是用汗水浇灌而来的啊！

　　勤能补拙是良训，一分辛苦一分才。只要付出就有收获，天赋超常而没有毅力和恒心的人，只能庸庸碌碌地过一辈子。许多意志坚强、持之以恒而智力平平乃至稍稍迟钝的人，都会超过那些只有天赋而没有毅力的人。

　　据记载，世界上能够到达金字塔顶的生物仅有两种：一种是鹰，另一种便是蜗牛。不管是天资奇佳的鹰，还是资质平庸的蜗牛，能登上塔尖，极目四望，俯视万里，都离不开两个字——勤奋。

　　俗话说："笨鸟先飞。"这句话告诉我们，要想不落后，就要比别人勤奋，就要比别人先行动。

　　"笨鸟先飞"是一种不甘落后、勇于争先的表现。只要具有这种精神，"笨鸟"终有一天会变成"灵鸟"。而我们的青春也都会因为勤奋而变得更加绚丽多彩！

　　古往今来，无论何人，不勤奋、不刻苦都不可能有所作为。青少年时期则更是关键，正所谓"少壮不努力，老大徒伤悲"。我国古时候就有刺股悬梁、穿壁引光、积雪囊萤、燃糠自照等典故，这也是青少年好学上进的生动教材。

一代"书圣"王羲之年轻时从师于卫夫人，终日勤学苦练，以竹叶作纸，以池水为墨，在深山中潜心深造，日复一日。他仿魏晋钟繇的隶书楷书法，钻研临摹"草圣"张旭的草字法。

业精于勤，如此隐忍而决绝的信念永远深驻在他的内心，于是他放弃了休息，终以"飘若浮云，矫若惊龙"的一手好字扬名于世，他集百家之长又独树一帜的行草最终被世人争相模仿，得以承袭。

雨果充满激情的一生，与他分秒必争的研学方式密不可分。雨果曾和法国一家出版社签订合约，定于半年之内完成一部作品，为了保证潜心于工作，他毅然将多余的衣物锁进衣柜，丢弃钥匙，以断绝外出游玩的念头。

雨果放弃了休息的时间，将分分秒秒都投入到了写作之中。最终稿子提前了两周完成，而这本书就是闻名世界的鸿篇巨著——《巴黎圣母院》。

人之于世，有着太多梦想，需要付出很多的精力与时间去追求，与其将易逝的流年耗尽在无用的休息中，不如倾注于勤奋的钻研中，这样，我们或许会走得更远。

与勤奋相对的是懒惰。懒惰是一种毒药，它既毒害人们的肉体，也毒害人们的心灵。懒惰的表现之一就是"业精于勤而荒于嬉"中所说的"嬉"，也就是只知道玩乐，不知道上进。

有个人从少年时就很贪玩，家里人劝他学习，他总是说就玩今天一回，明天再学，就这样，明日复明日，青春虚度，迈入老年，最终一事无成。

最后，这个人后悔莫及，写了一首诗："镜里但见鬓如银，虚度闲掷七十春。只因常立明天志，一生事业付儿孙。"

这个便是少年时期不懂得抓紧时间而"老大徒伤悲"的很好例证。

人们常说："一分耕耘，一分收获。"很多人想增加财富，提升地位，让生活更上一层楼，却不愿意多付出一点儿，结果只能像下面这个年轻人一样：

在一个勤劳的家庭中，夫妻勤勤恳恳、夜以继日地工作着，因此过了几年，这两口子便富了，创下了一份很大的家产。但是他们对儿子从小就溺爱，衣来伸手，饭来张口，促使他养成了懒惰贪吃的坏习惯。

等老两口去世后，他和他的妻子便成天吃喝玩乐。饿了吃父母留下的粮食，冷了穿父母留下的衣服，两人过着神仙一般的快活日子。

没过多久，也就是腊八这天，他俩只剩下一碗粥，最后被饿死、冻死了。没有吃不完的饭，没有穿不破的衣，这就是不劳而获者的下场。

有很多人都在指望着天上能够掉下馅饼，整天都懒洋洋地窝在家里，做着白日梦。然而耕耘，却意味着辛勤的汗水，你不付出行动，就永远得不到收获。不劳而获的成功是没有的，只有经过自己不断地耕耘、付出了辛勤劳动的人，才会获得丰收的硕果。这是亘古不变的真理！

不耕耘，便想得到收获的成果，在现实生活中是永远都不可能实现的。劳动创造奇迹，劳动就是财富，付出总会有收获，哪怕是一点点的付出也能换回一丝心灵上的温暖。

成功是一个令人向往的名词。每个人都希望获得成功，但世界上真正获得成功的人又有多少呢？一个人的成功并不是偶然的，它是需要辛勤耕耘的。

任何一个成功的人，都没有什么捷径可言，都是经过了刻苦的学习，面对困难都勇于探索以及坚持不懈的努力。若想收获硕果，就必须洒下辛勤的汗水。因为收获总是在耕耘、播种之后，有播种，才会有收获。

如果想在残酷的竞争中立于不败之地，就只有靠自己平日辛勤的耕耘。所以，不要眼红别人今天的拥有，因为那是别人长期坚持、艰难付出所得到的回报。每个人的收获，都是以更多的耕耘为代价的。人只有坚持不懈地努力，吃一些不为人知的苦，才会创造出一个又一个的奇迹。

那么，青少年朋友，对于懒惰，我们应该怎么办呢？我们需要时时鞭策自己，才能让自己有足够的理智和力量，不断进取，永不后退。

　　一个人见寺院里的大师在敲木鱼，便上前问大师："为什么在念佛时要敲木鱼呢？"

　　大师回答道："名为敲鱼，实为敲人。"

　　这人听了不解，又问道："那为什么不是敲鸡呀、羊呀，偏偏要敲鱼呢？"

　　大师笑着说："鱼儿乃是世间最勤快的动物，整日睁着眼睛，四处游动。这么至勤的鱼儿都要时时敲打，何况懒惰的人呢！"

"懒惰"是一个极具诱惑力的怪物，每个人的一生当中都会与这个怪物相遇。比如，早上躺在床上不起来，起床后什么事也不想干，能拖到明天的事今天不做，能推给别人的事自己不做，不懂的事自己不想弄懂，不会做的事自己不学做。

　　"懒惰"可以说是人类最难克服的一个公敌，许多本来可以做到的事，只因一次又一次的懒惰而错过了成功的机会。寺院里那位大师所讲的"敲打"，其实就是我们现在所讲的鞭策。人一生要勤奋就要不断地鞭策自己，克服懒惰的毛病。

　　"天才出于勤奋"，我们每一个人都应该用勤劳去弥补自己的笨拙，用汗水浇开绚丽的成功之花！让我们一起努力，一起付出，一起走向成功，走向胜利的舞台。

第四章　解决问题应多想办法

　　遇到问题，应该开动脑筋，多想办法，要多考虑自己的优点和长处，不要只想到自己的缺点和短处。这样，就能找寻到失去已久的信心，勇敢地向前迈进。

　　成长需要我们不断提升自己，我们需要学习的不仅仅是书本知识，还有很多其他的东西要学习。因为我们拥有的越多，就越自信。一颗不断提高的心是不会看低自己的。

敢于正视自己的缺点

缺点是我们每一个人都有的，即使是再优秀的人也难免会有些缺点。有缺点并不可怕，可怕的是不敢正视自己的缺点。连正视自己缺点的勇气都没有，还怎么谈改正自己的缺点呢？

说出自己的缺点，其实一点儿也不会损害我们的面子。我们应虚心听取他人的意见，一旦发现自己的不足就应及时改正，让自己变得更优秀。

朋友，让我们来看一个小故事吧：

靠近街道的屋里坐了几个人，正无聊地批评他人的道德品行。坐在红色沙发上的这个人眉飞色舞地说："其实，刘明的道德品行还算可以，只是我实在受不了他的两项缺点，一个是容易发怒，另一个则是做事老是冒冒失失的。"

其他几个人听见他的这番批评，也都发出赞同的声音，附和说："没错，他是这个样子！"

但是，就在这时，刘明正好经过门外，听见众人居然聚在一起批评他，忍不住冲了进去，大声怒吼着："你说什么？"

接着，刘明抓住沙发上的这个人，用力挥了一拳。

旁边的人见状，纷纷上前阻止："你为什么乱打人？"

刘明气呼呼地说："你说，我什么时候喜欢发怒了？又什么时候做事冒失了？居然在背后胡乱批评我，当然该打！"

此时，刘明的后面，忽然传来了一个嘲笑声："哦？你不爱发怒吗？你做事不冒失吗？你看，你现在的举动，不是刚好证实了这一切吗？"

一位哲人曾告诫我们说："也许你会忽略自己的缺点，但如果人们指出你的缺点，你还是视若无睹的话，那就表明你的判断力有待加强。"

你是看不见自己的疏失，还是不愿承认自己有缺点？想要提升自己的人生境界，就必须先战胜自己的缺点。每个人都会有缺点，而且有些缺点往往是人们不自知的。只有知道自己的缺点在哪里，你才能尽快改正这些缺点，既战胜自己，也让对手没有机会超越。

除了知道缺点，面对缺点外，最重要的还是如何克服缺点，战胜自己。贝多芬、霍金等人的故事众所周知，他们努力地克服自己的不足之处，向命运发起挑战，最终获得了成功。

事实上，每个人都有自己的优点和缺点，都有自己的长处与短处。不要总拿别人的长处来比自己的短处，别人也有短处。只要注意克服自己的心理障碍，积极发挥自己的长处，就能干出成绩，增强自身的自信心，抛掉自卑的心理包袱。

我们虽然不能像屈原、司马迁、史铁生、霍金那样杰出，但我们同样可以用自己的勤奋劳作，做一个对社会有益的人。

青少年朋友，抛却消极和自卑吧，没有阳光的日子，就享受阴凉和雨雪；没有明月的夜空，就欣赏恒星和流星；没有茶，白开水喝着也爽口。

坦然面对自身的缺点，要拿出任何厄运都不能奈何你的勇气和信心，这样生活中就会充满阳光。其实很多时候，只要你用心去感受，你就会发现老天在给你一些遗憾的同时，会在别的方面给你很多。

你有很爱你的父母、很关心你的老师、很体贴你的朋友、聪明的大脑、良好的成长环境等。所以用心去发现身边的美丽事物，你会觉得自己其实还是很幸福的，又有什么理由要自卑呢？

那些缺陷和不足，其实跨过它们并不难，但那是在你对它们微笑、心胸坦然的前提下，如若反之，那么它们就会越积越多，使得你都不敢面对它们了。

亲爱的朋友，让我们从现在开始认识自己的缺点，勇敢正视自己的缺点吧！

试过才知道能不能行

　　青少年时期是人生的关键时期，这个时期我们精力充沛，做什么事情好像都有使不完的劲。但是，由于经验不够，我们难免会做错一些事情，因此许多朋友变得犹豫起来，不敢再尝试。

　　朋友，你可知道，优柔寡断的人总是徘徊于取舍之间，无法定夺。这样就会使本该得到的东西轻而易举地失去了，本该放弃的东西却耗费了我们许多精力。

　　而时机是不等人的，"流光容易把人抛，红了樱桃，绿了芭蕉"。其实人生许多时候，只有及时抓住机遇，竭尽所能地去努力，才能取得成功。正所谓"花开堪折直须折，莫待无花空折枝"。如果犹豫不决，则会失去良机。

　　朋友，我们现在来看一个小故事吧：

　　　　屈沛琦很胆小，做事总是怕这个、怕那个的，但烟花却改变了她。

　　　　一天晚上，好朋友李欣容兴冲冲地带了一大袋东西来到她家："屈沛琦，快下去玩！看！我买了好多好玩的东西！"

　　　　屈沛琦一看，原来是各种各样的烟花，她不好意思地说："可是，我不敢放！"

"不怕，我敢，走，快点儿，我们一起放烟花！"

屈沛琦被李欣容连拖带拽来到楼下，李欣容先拿出一种长条形的烟花，掏出打火机，把烟花点燃，那烟花就"噼里啪啦"响了起来，四处乱溅的火花把屈沛琦吓得直躲。

可是李欣容一点儿都不怕，把烟花拿在手里挥舞着开心极了，还故意举到屈沛琦面前吓她！"屈沛琦，你也来放啊，没事的，伤不到你！"

屈沛琦连连退后说："不，我不敢，我不点！"

李欣容想了想说："我帮你点一支，你拿着，可以吧？"

屈沛琦一手拿着李欣容帮她点着的烟花，离身体远远的，一手捂着耳朵，半睁着眼睛看，随时准备把手里的"炸药"扔掉。

慢慢地，她不怕了。她小心翼翼地点燃了第二支，学着李欣容，双臂舒展，在空地上转着圈儿，"噢！我终于敢放烟花了！太好了！"她高声叫着，心中有说不出的高兴。

随后，她们又放了"小叮当""飞蝶"等好多烟花，有的像上下飞舞的蝴蝶，有的像满天闪烁的星星……她们玩得开心极了。

是啊，不大胆地尝试，怎么能品尝到成功的喜悦呢？成长需要敢于尝试，只要你尝试了，无论经历什么，哪怕失败了，你还是胜利者，因为你得到了一次宝贵的经历和收获。正因为那些经历和收获，你才能在成长的漫长道路上不迷失，一直朝着正确的方向前进。

惧怕尝试，一味地安于现状，迷信既有，只能让我们止步不前。

如果不去尝试，人生会出现太多的空白，我们也永远不会知道我们所困惑的问题的答案。

尝试其实是一种挑战，挑战一切不可能和不知道。人非生而知之，孰能无惑？生活中不可避免有很多的困惑，有的人望而生畏，退避三舍，永远找不到隐匿着的答案，生活在自我欺骗中；有的人敢于挑战，在经历了尝试后，终于接近甚至揭开了真相，受益无穷。

我们是年轻的一代，应发扬这种精神，努力尝试。去尝试风雨的洗礼，才能守候绚丽多彩的彩虹；去尝试陡峭的山路，才能感受峰巅的无限风光；去经历黯淡的黑夜，才能感受黎明的破晓之美。

那些敢于尝试的人一定是聪明人，他们不会输。因为他们即使不成功，也能从中得到教训。所以，只有那些不去尝试的人，才是失败者。

敢于尝试是一种开始，是一次转机；敢于尝试，常常是对旧我的抛弃，是对未来的宣言；敢于尝试往往是战胜自卑、展现自信、走向成功的阶梯。一路走来，一路尝试着；一路挑战自我，一路收获着。

勇于尝试，不轻易放弃任何机会，不让机会白白溜走，即使失败了，也不会留下什么遗憾。以坦荡的心胸去面对一切，成也好，败也罢，不试怎么知道会不会成功，敢于尝试才有机会成功。

　　勇敢尝试，而后失败，远胜于畏首畏尾，原地踏步。生活是一个不断跨越的过程，只有敢于挑战自己的人，才能真正超越自己。

　　回想我们曾因为心中的"不可能"，错过多少尝试的机会，警醒之余，更应该明白：敢于尝试才能超越自我。敢于尝试才会获得成功。敢于尝试是一个人挑战自我的表现，只有敢于尝试失败，才可能取得成功；只有敢于尝试寒冬的刺骨，才会迎来暖春的温馨。

　　成功需要尝试，实现理想需要尝试，个人的成长和进步更离不开尝试。从古至今，一切的成功都来源于勇敢尝试，有胆量去尝试是成功的基石。

　　在人生的路途中，有很多事情我们都闻所未闻，见所未见。有些人碰也不敢碰，但有些人能跨出第一步，勇敢尝试。不敢尝试的人永远都不知道这些事里所蕴含的哲理有多丰富、多有趣。日复一日，年复一年地度过，什么都没有试过，那么这个人的一生淡而无味。

　　若你回望过去，发现自己的一生就这样平平淡淡地过完，就好像桌子上的美味佳肴都看见过，看上去卖相也不错，就是没有尝试过，这是人生的一件极遗憾的事情，这样的人生不就等于白活了吗？

　　现在天天都有不同的事情发生，有很多事都是你意料之外的，那么敢于尝试的人天天都能接触新事物，天天都能发现新事物，他的人生阅历就会随着他的见识而丰富起来，年老时回首当年尝试过的事情仍然历历在目，真是不枉此生了。

　　人生就是这样的，尝试是第一步，如果你能跨出这一步，你就能发现其中的乐趣。我们青少年在生活中要勇于去尝试，只有试过才知道行不行。在尝试中遇到的困难就是我们的良师益友，它能够让我们发现很多我们平时看不到的问题。

对于青少年来说，"敢走别人没走过的路"的精神是非常可贵的，成功的人都是第一个吃螃蟹的人，他们总是先例的破坏者。而正是敢尝试别人没有尝试过的东西，他们才成就了自己的辉煌。

每个人的生活道路虽不尽相同，但人人都想成功，虽然有的人成为科学家，有的人成为百万富翁，但多数人则是平平淡淡走过了坎坷一生，甚至一事无成。

为何有如此大的差别？或许你会说，那些科学家、百万富翁是天才又遇到好机遇，但你可曾发现所有的成功者无不是敢于尝试的人，他们懂得用自己的思维，走别人没走过的路，做别人没做过的事。他们知道，如果不能领先于他人，只是一味地去跟随别人的脚步，那么就永远只能做走在别人后面的人。

我们青少年在生活中要不怕失败、勇于尝试，只有尝试过后才知道结果。现代的社会是需要青少年去探索和尝试的，若在尝试中成功了，结果自然是好的；若失败了，青少年也可从中吸取教训，找出失败的原因，这对青少年提高自己的能力是很有帮助的。

青少年正处在学习知识、储备能量的重要阶段，一定要勇于尝试，才能紧跟时代的步伐，开启梦想之门。

真正发挥自己长处

一个人生下来，不可能是完美的人，也永远成不了完美的人。所以当别人在一个方面成功了，而自己却怎么努力都成功不了时，不要自责，怪自己没用，更不要自卑怨自己太笨，这些仅仅说明你的长处不在这里，所以要理智地放弃避开，也就是避己之短；去寻找自己所在行的，充分发挥，也就是用己之长。

成功其实就这么简单！伟大发明家爱迪生就是一个例子。他在班上成绩一直都是倒数，后来就是因为他开始自己的发明生涯，才创造了一个又一个纪录，才获得了"伟大发明家"的称号。其实，在我们身边也不乏这样的事例。朋友，我们来看一个故事吧：

豆丁是一个善良的轮滑男孩，在轮滑比赛中，豆丁滑得最快。本来他觉得自己是个战无不胜的孩子，没想到世界上还有更厉害的——虎头虎脑的大王骑着自行车闯入他们玩耍的阵地，到处撞人，豆丁为伙伴们愤愤不平。

面对这样的场面，豆丁挺身而出保护大家。可是霸道的大王仗着自己身强力壮，只许大家骑自行车。豆丁满腔怒火，但却无可奈何。

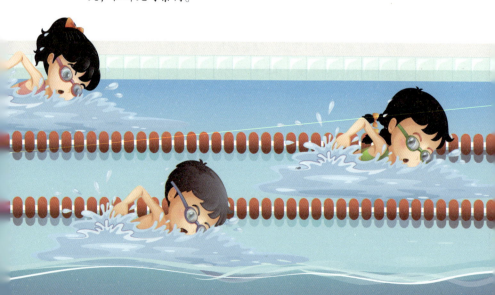

　　面对大王的霸道、无理，豆丁试图反抗，最终还是被大王打倒在地，可豆丁还是不服。

　　直到有一天，豆丁通过许多名人的故事，明白了"尺有所短，寸有所长"的道理。于是，他再次找大王比赛跑步，大王个子高、力气大，轻而易举地把豆丁甩在后面。

　　可是，要到终点必须经过一条小河，大王是个"旱鸭子"，不敢下水，在河边急得像热锅上的蚂蚁。豆丁会游泳，他勇敢地跳进水里，游到终点，取得了胜利。

　　通过这次比赛，豆丁得到了大王的尊敬，不但找回了自信，还找回了朋友们的轮滑地盘。豆丁通过发挥自己的优势，终于取得了成功。

　　当今社会，无论我们做任何事，在辛勤付出的同时，更需要对客观事实进行了解，扬长避短，发挥自己的优势，这样才能更好地发展自我，实现人生的价值。

　　我们要扬长避短。不能因为自己有一点儿不足、受到小小的挫折而失去自信；更不能因为自己优点多、实力强，就去欺负别人。我们应该努力发挥出自己的长处，避开短处，使自己更优秀。

　　"天生我材必有用"，每个人都有自己的闪光点。我们要发现自我的优势，并努力将其发挥得更好。要想发挥自己的优势，我们就必须全面了解自己，明白自己的长处和短处；提高自己的能力；放弃自己的劣势。

　　举例来讲，兔子是短跑冠军不会游泳，这是由它的先天条件决定的，即使再努力地学习也不会成功。兔子发展短跑的特长，不去学习游泳、打洞之类的薄弱项目，才能在优势项目中立于不败之地。否则，游泳没学会却把短跑给忘了，那又该怎么办？所以说，发扬长处，避开短处，才是成功的硬道理。

聪明的人懂得扬长避短。

由此可见，扬长避短是成功的一项重要因素。一位名人曾经说过："人必须悦纳自己，扬长避短，不断前进。"

一个成功的人，他一定懂得发扬自己的长处，来弥补自身的不足；他一定能够发掘自身才能的最佳生长点，扬长避短，脚踏实地朝着人生的最高目标迈进。

"优"是一个人取得自信的源泉，也是每一个有进取心的人追求的目标，那么如何才能达到这一"优"的结果呢？扬长补短，方显更"优"。

扬长补短，古意为吸取别人的长处，来弥补自己的不足，如今也当作发挥自身的长处，弥补自身的短处。发扬长处是让自己变得更优秀，补短也是为了让人看到自己优秀的一面，其目的是让自己变得更加优秀。

凡事都有相通之处，对于青少年来说，也是如此。在不断学习的过程中，很多青少年都有偏科的现象，也即所谓的"长"与"短"。如果任其发展，扬长不避短，必然是优者更优，劣者更劣。

试想一下，一个中学生数学是满分，而语文和英语只有三四十分，他能进入理想的学府进一步深造吗？一个成绩突出而思想道德败坏的学生能得到众人的认可吗？

所以，对于每一个青少年来说，无论是学习，还是生活的其他方面，都应该学会扬长补短。

作为新世纪的青少年、祖国的花朵和未来，要让自信之花开满人生，就要学会扬长补短，使自己变得更加优秀。

愿每个人都可以全面认识自己，了解自己，发挥自己的长处，书写属于自己的灿烂未来！

学习让我们更自信

知识可以改变命运，学习可以让人散发出自信的光芒，从而照亮一个人的人生！人生中，有很多需要学习的东西，一个人拥有的越多，自然也就越有自信。因为，一颗不断提高的心，是绝对不会看低自己的。

青少年时期是学习的关键时期，好好学习可以为我们的整个人生奠定良好基础。这个时期，我们精力充沛，记忆力旺盛，所以我们一定要抓紧时间学习。

俗话说："活到老，学到老。"如果每一个人都能把学习放在一生中重要的位置上，那么，我们还会担心社会不能进步、国家不够强大吗？为了祖国的繁荣富强，我们要学习；为了人类的进步，我们更应该学习。

当今社会是一个科学技术日新月异，处处充满竞争的社会。现在，学习知识成了社会生活的头等大事。显然，一个人若没有知识，在社会上是寸步难行，很难立足于社会的，更不要说服务于社会，对社会有所贡献了。

知识是非常重要的，它是无价之宝。一个国家的发展，要靠人类用学来的知识去改变它；一个正确理论的产生，也要靠人类用学来的知识去总结；要推翻迷信思想，更需要人类用知识来改造。

亲爱的朋友，让我们一起认真读书学习吧！

读书是一种享受生活的艺术。当你枯燥烦闷时，读书能使你心情愉悦；当你迷茫惆怅时，读书能平静你的心，让你看清前路；当你心情愉快时，读书能让你发现身边更多美好的事物，让你更加享受生活。读书是一种最美丽的享受。

读书是一种提升自我的艺术。"玉不琢不成器，人不学不知道。"读书也是一个学习的过程。一本书有一个故事，一个故事叙述一段人生，一段人生折射一个世界。"读万卷书，行万里路"说的正是这个道理。

读诗使人高雅，读史使人明智。读每一本书都会有不同的收获。

自古以来，勤奋读书、提升自我是每一个智者的毕生追求。读书是一种优雅的素质，能塑造人的精神，升华人的思想。

读书是一种充实人生的艺术。没有书的人生就像空心的竹子一样，空洞无物。

书本是人生最大的财富。犹太人让孩子们亲吻涂有蜂蜜的书本，是为了让他们记住：书本是甜的，如果想让甜蜜充满人生，那么就要读书。读书是一本人生最难得的存折，一点一滴地积累，你会发现自己是世界上最富有的人。

读书是一种感悟人生的艺术。读杜甫的诗使人感悟人生的辛酸，读李白的诗使人领悟官场的腐败，读鲁迅的文章使人认清社会的黑暗，读巴金的文章使人感到对未来的希望。

每一本书都是一个朋友，教会我们如何去看待人生。读书是人生一门不可缺少的功课，阅读书籍，感悟人生，助我们走好人生的每一步。

书是灯，读书照亮了前面的路；书是桥，读书接通了彼此的岸；书是帆，读书推动了人生的船。读书是一门人生的艺术，因为读书，人生才更精彩！

人的一生其实就是一个不断学习的过程，我们每个人每天都处于不断变化之中；而我们每个人只有通过不断的成长和学习，才能够累积经验和智慧，解决问题、克服困难和挑战未来。

一个能不断成长和学习的人，才有信心，自我认同才会完整，心理方能健康平衡；当然，在更高层的精神生活和悟性上，唯有通过学习和成长，才可以获得清醒的觉察和领悟。所以，学习是一个人提升自我的最佳方法。

看到别人比自己优秀时，不要自怨自艾，一定要远离自卑心理，要学会阔步向前。吸取他人的长处，让自己在不断的学习中脱胎换骨，只有褪去灰败的外壳，才能变得光芒四射。渐渐地，你就会看到同学们眼中的惊异，看到父母欣慰的笑容，看到通过不断学习而蜕变成长的自己。

我们要抓住早读课的每一分钟、每一秒钟来读书，大声地朗读。在读书的过程中，不可将手中的笔放下——"不动笔墨不读书"，边读边将难写的字写下，也可以将自己读书时的想法写下，这样便于记忆。

读书一定要大声地读，将我们读的每一个字深深刻入我们的脑海中。读书时，边读边理解内容，这样不仅利于记忆，也利于思维的活动。"盛年不重来，一日不再晨"，抓住早晨啊！

课堂上是最重要的时刻，一秒也不可懈怠。上课时，千万不可走神，要目不转睛地盯着老师。只有眼睛时刻跟着老师转，才不会去想其他东西。

上课一定要专心致志，聚精会神地去记老师讲的每一句话，当然，也不可能全部记住，但最起码思维要过滤每一句话，这是关键。重要的东西记不住，要暂时用笔记下，课后去复习，千万不可放过，否则将来必会后悔。老师在黑板上写的，也一定要记下，因为老师写的大部分都是关键的知识。课堂就是阵地，每一名学生都是战士，一秒也不可懈怠！

做作业时要全神贯注，因为这是训练思维能力的时候。说到思维，无非就是思考，认真思考每一个题目，做好它们，就是提升思维能力，所以，这一点也非常重要。认真做好所有的题目，那么，就不会害怕考试了，我们会把作业与考试一视同仁。平常练得好，考试一定考得好，千万不可对作业马马虎虎！

晚上放学回家后，睡觉之前一定要对老师一天所讲的内容进行复习，千万不可小瞧这一环节！它使我们记忆得更加深刻，有利于下一次的学习。这是复习的过程，也是一天学习的最后一个环节，坚持下去我们就成功了！

经过这一天的奋斗，肯定会有一点儿累，但千万不可放弃，千万不可半途而废。像这样去做就是不断地奋斗，不断地奋斗就会走上成功之路，我们必将取得一番成就！

我们是高空中展翅飞翔的雄鹰，需要通过不断学习，使自己更有力地翱翔在蔚蓝的天空；我们是在大海中游动的小鱼，需要通过不断的学习，为自己增添破浪的勇气，让自己更自在地畅游在碧蓝的海里。

我们每个人，都在学习中不断地成长，在不停地汲取和效仿之中，将生命打磨得晶莹剔透。只要我们肯努力去学习，善于运用自己的优势，成绩就会像纺织地毯一样，越编越大，能力也会变得越来越强。

也许你会有疑问：在学习过程中，如果产生了强烈的厌倦情绪，那应该怎么办呢？

首先，应努力改变自己原有的想法，正确地认识到只有适度的压力

才会使学习变得更有动力；其次，要调整好自己的心态，对自己有一个客观的评价，期望值不能定得太低，但也不能定得太高，要定在经过自己努力之后可以达到为宜；最后，要注意转移情绪、消除怨气。

当遭遇压力或悲伤造成心情烦躁时，不妨与家长或亲人、同学一起讨论一下，不要自己闷在心里，还可以听听音乐、唱唱歌、上街购物或者做些自己喜欢的事情来缓解烦躁的情绪。

此外，还可以经常参加体育锻炼，在运动中缓解学习带来的压力，找到一个情绪的宣泄口，使自己能够在再次进入学习状态时没有过多的思想负担。

朋友，要经常对自己微笑，用乐观的心态去学习，拥有了快乐，你就会发现在学习中心情一直是愉悦的。

青少年朋友，千万不要让宝贵的光阴白白地浪费，更不要做个虚度年华的人。要把学习当作一种终身的责任，要相信，只有付出，才会得到收获；只有学习，才会得到学习的成果。